有机植物园
庭院常见植物修剪技巧

[日] 曳地Toshi　曳地义治　著

张文慧　译

机械工业出版社
CHINA MACHINE PRESS

本书介绍了快速而简便的92种庭院常见植物的修剪方法，不使用农药、化学肥料、除草剂，并附有植物修剪前后的众多图片、昆虫图片，多为著者在客户庭院中进行实际修剪时所收集。另外，书中还介绍了许多抗病害和虫害的园林养护方法，供读者参考。提高植物修剪技能的方法就是向优秀的修剪范例学习，掌握庭院植物独特的养护方法，便能轻松打造一个生动、有机的植物园，享受与鸟、昆虫和植物的互动乐趣。

本书适合广大园林园艺工作者和爱好者使用，也可供农林院校相关专业的师生阅读参考。

Original Japanese title: TORI, MUSHI, KUSAKI TO TANOSHIMU ORGANIC UEKIYA NO SENTEIJUTSU

Copyright © Toshi Hikiti & Yoshiharu Hikiti 2019

Original Japanese edition published by Tsukiji Shokan Publishing Co., Ltd.

Simplified Chinese translation rights arranged with Tsukiji Shokan Publishing Co., Ltd. through The English Agency (Japan) Ltd. and Shanghai To-Asia Culture Co., Ltd.

北京市版权局著作权合同登记　图字：01-2023-5922号。

图书在版编目（CIP）数据

有机植物园：庭院常见植物修剪技巧 /（日）曳地 Toshi，（日）曳地义治著；张文慧译 . -- 北京：机械工业出版社，2025. 7. -- ISBN 978-7-111-78395-4

Ⅰ. S680.5

中国国家版本馆CIP数据核字第2025ZE8945号

机械工业出版社（北京市百万庄大街22号　邮政编码100037）
策划编辑：高　伟　周晓伟　　　　责任编辑：高　伟　周晓伟　王华庆
责任校对：张勤思　王小童　景　飞　　责任印制：单爱军
保定市中画美凯印刷有限公司印刷
2025年7月第1版第1次印刷
145mm×210mm · 6印张 · 2插页 · 126千字
标准书号：ISBN 978-7-111-78395-4
定价：49.80元

电话服务　　　　　　　　　网络服务
客服电话：010-88361066　　机 工 官 网：www.cmpbook.com
　　　　　010-88379833　　机 工 官 博：weibo.com/cmp1952
　　　　　010-68326294　　金 书 网：www.golden-book.com
封底无防伪标均为盗版　　机工教育服务网：www.cmpedu.com

前　言

我偶尔会在路上看到一些植物被修剪得很不自然。

有些林荫树被修剪成抽象的艺术品般，很多该保留下来的枝条却被当作碍事的枝杈而剪掉……每当我看到这些被修剪得不伦不类的植物，总会不自觉地心痛起来。因为这些植物本可以修剪得更美丽，长得更健壮。

我虽然只是一名长年坚持无农药、无化肥地打理私人庭院的园艺工作者，但最近想尝试做更多力所能及的事情，所以也接下了许多庭院艺术指导的工作。

翻新庭院是一个不错的想法，但其实有一种更省力的方法能让庭院的氛围焕然一新，那就是修剪。实际上，我曾闹出过在修剪完庭院植物后，因为庭院风格大变，竟没认出是自己家的笑话。

因此，本书将为大家介绍既能让庭院看起来自然生动，又不会给植物造成负担的修剪方法。虽说如此，其实内容并不复杂，其中大多是一些传统的修剪方法。

有些植物原本可以长势很好，却花了 3 年时间才长大。

修剪得好不好，要看栽种的植物能否开花，是枝繁叶茂却不见花开，还是未绽放便已枯萎，或者是到第 2 年才开花结果。也就是说，修剪得好不好"全看植物的长势"，而且没有真正意义上的"正确答案"。因为哪怕是专业的园艺师，他们的修剪方法也不一样，很多人都是凭借多年的经验和感觉修剪的，修剪到什么程度也是因人而异。

本书介绍不伤植物，甚至能让植物生长更舒适的修剪方法。要掌握这些方法，就要参考许多植物修剪后的形态，这是精通这门技术的必经之路。

因此，为了能让大家更好地了解什么样的树形是植物修剪后自然健康的效果，书中展示了许多植物修剪前后的对比图片。这些都是我在客户的庭院实际修剪后的真实图片。

在收集素材的过程中，我常常会想这株植物真可爱，那株植物也想介绍给大家，结果不知不觉地整理出了这么多的种类！也不知道本书是否有介绍到您家庭院里的植物？

本书除了介绍庭院植物的修剪方法外，还特意从有机的角度出发，介绍了庭院植物的病虫害防治、庭院植物的挑选方法、种植场所的挑选和生物多样性等多个内容。

希望本书能为正想要打造庭院，或是正要挑选植物的园艺爱好者提供有用的参考。

人们总是急切地期盼成果，但是植物和人类有着不同的生命节奏。何不在这个庭院中顺其自然地让时光流淌？

即使只是小院子里的几株植物，如果每家每户都能坚持对庭院进行无农药的维护和管理，相信这样的庭院也能与森林的自然相媲美。一株植物便能运转起一个生态系统。

希望各位读者能通过本书找到和植物的交流方式。

著　者

目 录

庭 院 植 物 篇

基 础 篇

栏　目

什么是修剪？
——如何与庭院植物友好相处？

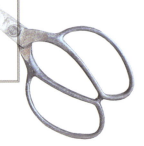

　　乡村地区或许有一些比较大的庭院，但对大多数普通家庭而言，庭院的空间十分有限。但即使是再狭小的庭院，经过 10 年、20 年的悉心培育，植物也能茁壮成长。

　　然而，随着庭院植物的日渐繁茂，它们之间会互相妨碍生长，导致灌木类和杂草类植物因背阴的环境而枯萎、花朵无法绽放等。整个庭院的光照和通风环境也会变差。

　　一些长大的植物甚至会越过庭院边界，枝条可能触及供电与通信线路，或者延伸侵占公共空间；枯叶掉落，有时还会堵塞雨水槽。

　　为了能在有限的空间内维持树形，就必须进行人工干预，从而用到了修剪这门技术。

　　从本质上说，维持所有树形的修剪思路都是共通的。也就是通过剪掉长势过旺的枝条，保留柔软的枝条来维持树形。

　　当然，不同植物的树形、枝条长势、植物的长势、花芽的生长方式都有所不同，所以实际修剪方法也会各有不同。

　　另外，想要让植物长成什么样子，如促进生长、维持树形、控制植株大小等，修剪方法也会因目的不同而异。

 植物的能量与病虫害

　　如果让植株变小，或者把碍事的枝条都剪掉，植株的长势就会变弱，且容易发生病虫害。

能量（参见第 18 页）是沿着枝干流动的，所以一旦把枝条和树干进行成块修剪，切口处的能量流动被阻断，就会让植株在第 2 年爆发性地长出许多细小的枝条，而枝条过于茂密就容易引发病虫害。

成块修剪是指疏除植株主干，或是无论是否叶芽都连同枝条整体性剪掉的修剪方式。

 ## 叶片的作用

对于植株来说，叶片是非常重要的存在。要制造能量，就必须有叶片。因此，在修剪的同时需要注意保留叶片，避免修剪过度。

 ## 树势变弱的原因

如果每年都发生病虫害，那植株的长势往往会变弱。

导致树势变弱的原因有很多，如土质和排水性的问题、根部遭踩踏、在狭小的地方密集种植植株或植株深植、农药危害、施肥过多、修剪过度、生长过长、空间过小、因藤本植物缠绕生长而无法进行光合作用、植株附近的混凝土施工带来的碱性危害或猫、狗撒尿带来的氨气危害等。

诸如此类，不胜枚举。然而，即便是树医有时候也很难确定植株长势变弱的具体原因。

而对植株进行负担较小的修剪，不仅能减少病虫害，还能延长植株的寿命。

正因空间有限，我们才更需要通过修剪使植物焕发生机，让小小的生态圈热闹喧嚣，并打造出具有观赏性的植物景观。

修剪前

在这种杂木林风格的庭院里，为免院中植被过于郁闭，修剪时主要用到短截法。为让来访者不由自主驻足观赏，感受如清风般清爽的庭院风光，就需要坚持做好植物的维护和管理

修剪后

修剪前

图中的日式庭院里，重云状（参见第143页）的罗汉松装饰着门檐。若枝条长得过于茂盛，不仅会挡住庭院的风光，还会带来安全隐患，所以要对常绿植物进行强剪和去枝。修剪开花的落叶植物时，要保留有花芽的枝条。图中的植株经修剪后重量减轻，通风也变好了

修剪后

【本书的使用方法】

- 在庭院植物篇中，将选取 92 种人气很高的庭院植物进行介绍。

- 在基础篇中，将介绍与庭院植物的相处方式和园艺工具等。

- 在庭院植物篇中，根据修剪的方法，将本篇分为"灌木""剃剪与去枝""短截""直角""垂枝""杂枝""针叶树""藤蔓性""修剪方法特殊的植物"9组内容，在各组的开头将介绍通用的修剪方法，并对各种植物的修剪方法进行针对性的说明。

- 修剪期以我们居住的日本埼玉县附近为标准。

- 书中以我们居住的埼玉县附近的地理气候为标准，大致记载了花期、结果期及昆虫等内容。另外，还介绍了一些兼具观赏性和可食性的果实。

- 各种植物的病虫害，以我们在进行无农药、无化肥的管理下的庭院中看到的情况为主进行介绍。

- 有些昆虫配图中的植物并非介绍的同种植物。

- 为了让大家更好地理解植物修剪后的情况，书中还附有植物在修剪期外的其他不同时期的修剪图片。

- 植物的高度

  本书对植物的高度进行了以下分类（详细情况请参见第 170 页）：

  灌木……灌木丛和低矮的树篱等，水平视线以下的植物。

  中木……比灌木高，大概有 1 层楼高的植物。

  乔木……1 层楼以上高度的植物。

  如能做好植物高度的分类管理，就能以此为标准，维持好树形，控制好植物的大致大小。

- 光照

  在本书中，光照条件按以下情况分类：

  向阳……几乎一整天都有阳光照射的地方。

  半阴……1 天中阳光照射 3~4 小时的地方；或是光照条件好，但是位于植株下等被遮盖的位置，处于阳光只能直射一半左右的环境。

  背阴……1 天中阳光照射的时间不到 3 小时的地方。

庭院植物篇

适用于所有植物的通用修剪方法

所有植物共通的基础修剪方法是"剪强枝、留软枝"。所以想让植物既能保持健康又具有观赏性，就需要将基础修剪方法记于心中。

强枝是指徒长枝或粗壮的枝条，软枝是指细而有形的枝。

 ## 3 种修剪方法——培育修剪、维形修剪、缩剪

修剪方法可分为培育修剪、维形修剪和缩剪 3 种。

培育修剪是为了等植物长大后可以进行修枝、修形。即种植较小的幼苗，通过修剪促进植物的生长，使其达到想象中的高度和形状。

维形修剪是将旧枝替换成新枝，以维持植物的大小和形状。

把长得过大的植物进行缩剪的修剪方式，又叫作强剪，这种修剪方式通过将植株大部分茎枝剪短，促使枝条新发，以便重新塑造树形（再生修剪）。

 ## 修剪时期和次数

修剪期因植物而异。但是，对每种植物都进行修剪是一项大工程，所以如果在庭院里种有各种植物需要自行修剪，又或者委托园艺师进行修剪的情况下，最好 1 年修剪 2 次，或至少 1 年修剪 1 次。

叶片完全长出来的梅雨季节和进入休眠期前的秋季到初冬时期是对各种植物进行集中修剪的适宜时期。这一时期，植物因为能量消耗殆尽而被抑制生长，是维持和管理植物大小的最佳时期。从植物的角度出发，在其生理机能相对薄弱的时候进行修剪作业势必会造成不良影响。但是，在庭院这个人类创造

的有限空间里，实在没法让植物长得过大。

倘若在植物长芽的时候进行修剪，枝条很快就会长出来，树形美观整齐的时间也就变短了。而且，太热或太冷时，对常绿植物进行强剪会使植物的长势变弱。所以，当下定决心要修剪落叶植物较粗的枝条时，选在木腐菌难以活动的冬季会更适合。

如果是开花植物，最好在谢花后到长出下一次花芽的时期进行修剪，或在花芽饱满、清晰可见的时候修剪，这样可以在修剪的同时保留花芽。

 ## 修剪时要考虑整体的平衡

修剪时最重要的是保持植株整体的平衡。修剪中的平衡是指"平衡分枝"。例如，有的地方枝条茂密，有的地方则空空荡荡，看起来会很不协调。所以，修剪时要注意让整株植物的枝条生长密度均衡。

如果只对局部进行修剪，有时太专注于细节而无法把握好平衡。因此，在修剪的过程中，建议偶尔离植株远一点进行观察，以便能在修剪时把握好植株整体的平衡。

 ## 上强下弱

植株上面的长势往往较强，所以上部的枝条耐强剪，但是下部的枝条长势较弱，强剪有时会导致植株枯萎。

如果种植在灌木丛中的植株，放任生长，不对其进行修剪，则植株会从下部的枝条开始逐渐往上枯萎。因此，为了避免这种情况的发生，必须要强剪顶部。

 ## 徒长枝

徒长枝是指长势过于旺盛的生长枝。

因为这些枝条忙于长高长大，所以徒长枝在第 1 年几乎不开花结果。开花属于植物的生殖生长，但是处于成长期的植株会把精力放在营养生长上。第 2

年，很多植物会从徒长枝上长出的枝条上开花结果。

一般都需要根据情况修剪这些徒长枝。

缠枝、重叠枝、倒枝、立枝

与其他枝条缠绕生长的枝条（缠枝）、上下重叠交错并朝同一方向伸长的枝条（重叠枝）、向内侧或下侧伸长的枝条（倒枝）、直立伸长的枝条（立枝），原则上都是要剪掉的。但是，有时也需要看植株整体的平衡，如果剪掉这些枝条会让树形出现空缺，则需要保留下来。

实生、根蘖、萌芽枝

一般情况下，需要修剪根蘖和萌芽枝。出现这些枝条，就表示植株的长势正在变弱。因为植株为了活下来，才会长出根蘖和萌芽枝。

● 实生

想必大家曾遇到过明明没有栽种，却在某个地方长出了植株的情况吧？此外，偶尔还会看到与邻居家交界的围墙边，长出了植株，或是植株与植株的间距非常狭窄的情况。这些应该都是通过不知从哪里来的果实，在生长条件好的环境下长出的实生苗。

实生苗多由鸟吃下的果实种子发芽而来，有时是随风而来的，如果是花草，则可能是蚂蚁运来的。

若任由实生苗生长，树苗会逐渐长大，并与其他植株发生接触，或者明显侵入邻居家的空间，所以有时需要将其砍伐。

除了针叶植物以外，其他植物即使修剪了也会重新长出来，所以要将这类实生苗连根拔除。但有些实生苗会像牛蒡一样，根部深深植入地下，而且其他植物的根又会缠绕干扰，或是因根太靠近围墙而很难拔除。

露台边长出的实生紫薇

因此，庭院里的实生苗总会不断地出现。所以平时欣赏庭院的时候，可以顺便看看整个庭院里有没有长出没种过的植物，一旦发现后就要尽早拔除，因为越早发现会更容易拔除。

如果想看看实生苗会变成什么样的植物，也要尽早将其挖出移植到盆里。如果是想留下的植物，可以在盆里培育一段时间后再移植到要种的地方。这样植物就不会在非自然配置的情况下不断长大。

● 根蘖

根蘖是指从植株基部抽生出来的枝条。

这类枝条一般要沿基部修剪下来，但是当主干变得衰弱时，可以用来替换主干，或者想要打造株立式树形时，也可以保留下来。所谓株立式树形，是指沿地面长出数根（3 根或 5 根等，多为奇数）树干的树形。

日本辛夷的根蘖

● 萌芽枝

萌芽枝是指从树干本体上长出来的芽，由其中的几个芽发育成的枝条。在植株衰弱的时候，为了增强光合作用，植株会采取应急措施，在树干上长芽。像柑橘类的果树，如果一直对这些新芽放任不管，新芽就会长成缠绕树干的枝条，所以一般需要剪掉这类枝条。

由于通风、光照和美观的问题，一般无法将这类枝条全部保留下来，不过那些不会成为缠枝的细小枝叶，建议观望 1 年以上。因为这类细枝完成了它们的光合任务后，一般会自然枯萎。

桂花等在进行强剪后，植株有时会因感到危机而长出许多条萌芽枝。这种情况并不是植株长势衰弱导致的，所以剪掉这些枝条也没关系。

如果植株因树势明显衰弱而长出萌芽枝，要避免强剪整株植株。

山茱萸的萌芽枝

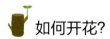

如何开花?

经过强剪后的植株,为了恢复树势,就会把营养集中在生长上,导致有时候会无法开花。另外,如果等到花芽长出后再修剪枝梢,也可能会出现不开花的情况。

有很多种植物会在当年或前一年生长的枝条上开花,但也有植物会等长到成熟期后才开花。

常说不开花是因为缺肥,其实也有因施肥过多而不开花的情况。因为如果营养过多,植株就需要消耗更多的能量用于生长。

植物快枯萎的时候

盛夏时节,若对植物尤其是常绿植物进行过度的强剪,会使树势变弱。当枯叶增多时,若是能自然凋落倒也无妨。但如果枯叶无法从植株上自动凋落,则多会让植株枯萎。如果叶片在逐渐枯萎,但这时沿地面长出了新梢,就建议等到下一个春季再进行修剪。

此外,还有一些植物不太好移植,如柑橘类的植物和瑞香。有的如夏椿般,在盛夏种植或移栽后会逐渐枯萎。所谓"深植",是指原本应该将盆中取出的土球种在与地面齐平的地方,却连同树干深埋到土里的情况,这样做会让植株因缺氧而慢慢枯萎。

修剪时要让植物的能量流动

让我们回想一下阔叶植物的形状。阔叶植物从土壤中吸取水分和养分,通过叶片进行光合作用使枝叶生长。其形状犹如将从大地吸取的能量通过枝梢向周围的空间释放般外扩。因此,修剪的时候要多加注意,以便让植物维持这股能量的流动。

当植物密植时，同一种类的情况下，多株植物可能会形成单一树形。不同种类的情况下，会因为相互竞争，可能导致其中一方枯萎。

不用化肥、农药、杀菌剂

在植物即将枯萎的时候，要想让植物恢复生机就不能施用化肥，因为这就像给垂危的病人吃牛排一样无济于事。所以，哪怕植物的状态不好，也建议再观察一段时间再做处理。

日本的土壤是适宜植物生长的弱酸性土壤，内含丰富的氮元素，一般情况下，不需要额外施肥。若要施肥，宜用品质良好的腐叶土（有产品由于检疫的关系，会使用农药），或者尽可能地使用没有添加剂和农药残留的食物垃圾堆肥，以及稻壳炭等天然的土壤改良材料等。

使用农药后，农药会通过雨水渗入地下，并损伤植物根系。所以平时不要过度浇水、施肥，也尽量不要装支架等，以便增强植物自身的抗逆能力，让其自然生长就是最好的预防病虫害的对策。

关于在粗切口上涂杀菌剂和嫁接蜡的更多信息，请参阅书中"植物的防御层"（参见第 172 页）。

植物的适宜环境各有不同

每株植物都有适合其生长的环境，而环境是由各种各样的因素综合决定的，如有向阳、半阴、背阴等光照条件，也有沙地、黏土、干燥土、湿润土等各种土质，甚至土地还有贫瘠和肥沃之分等。因此，如果植物在不适宜的地方栽种，树势就会变得衰弱。栽种不适合的植物，并施用化肥农药，这么做无论是对环境、人类还是植物都是一种负担。

而如果选用适合当地土地特性的植物来构建庭院环境，相信会让庭院的建造过程乐趣加倍。

〈短剪〉

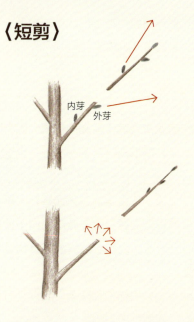

内芽
外芽

在枝条的中段剪掉枝条，缩短枝条长度的修剪方法叫作短剪。修剪的位置就在外芽的上方。剪掉后，外芽就能长成形状很好的枝条。在内芽的上面剪断枝条，则内芽易长成立枝或缠枝。

为了平衡枝条的分布，有时即便在没有芽的情况下，也需进行必要的修剪工作。但这可能会使新枝生长得参差不齐，或是被修剪的部分枝条不幸枯萎。

〈徒长枝、缠枝、立枝、倒枝〉

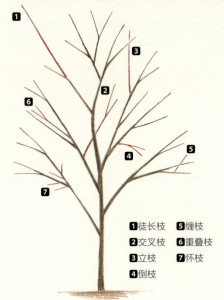

❶徒长枝　❺缠枝
❷交叉枝　❻重叠枝
❸立枝　　❼怀枝
❹倒枝

❶ 需要剪掉长势旺盛、突出伸长的枝条（徒长枝），有时根据情况需要进行短截。

❷ 与其他分枝交叉的枝条（交叉枝）。

❸ 立枝。

❹ 向内或向下伸出的枝条（倒枝）。

❺ 缠绕其他分枝生长的枝条（缠枝）。

❻ 上下重叠且同向伸出的枝条（重叠枝）。

❼ 由内侧长出的细枝（怀枝）。

以上这些枝条原则上都要剪掉。如果剪掉这些枝条会让树形留有空缺，则根据实际情况选留。

〈短截（横向伸长的枝条）〉

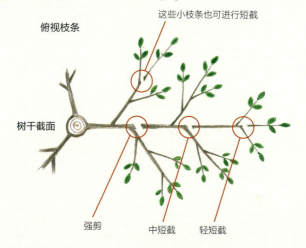

俯视枝条

这些小枝条也可进行短截

树干截面

强剪　　　中短截　　轻短截

从枝梢开始，沿着长势旺盛的枝条找到形态分明的分叉处，然后剪断枝条。在距离枝条基部越近的地方进行短截，修剪的强度就越大。之后会向外萌发出比原来还要柔软的新梢，让树形看起来更自然。

〈短截（纵向伸长的枝条）〉

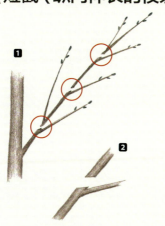

1 从枝梢开始，沿着长势旺盛的枝条找到向外伸长的枝条上的分叉处，然后剪断枝条。

2 按照其余枝条的角度进行修剪，能让切口不那么明显。如果修剪得太深，枝条容易枯萎；如果切口留太长，切口的部分也会枯萎，或者会长出很多细小的枝条，破坏树形。

灌木

　　灌木是指高度大致低于水平视线，且便于管理的植物。杜鹃花等即使高度为1.5米以上也属于灌木。

　　灌木主要用于遮盖中木、乔木的根部，这种"覆根栽培"是为了保持协调的美感。此外，还可用"覆盖种植"的方式掩盖部分地面，或是打造"狭长花坛"以分隔通道与种植区，使种植区与建筑区有隔断等。

　　有这样几种情况出现时就要进行修剪，如细小的枝条茂密生长成形（杜鹃等）时，需要进行修剪；枝条分叉，形成了单立或株立式树形（栀子、瑞香等）时，宜将突出的枝条沿着分枝处进行去枝修剪；像棣棠花等呈放射状生长的枝条，宜沿基部依次剪掉其中的长枝条进行疏剪。

　　修剪后的灌木若能让基部保持通风良好，还能避免蚊虫滋生。

剃剪

❶ 对植株的上部进行强剪，剪到勉强保留叶片的程度即可。

❷ 若下部的叶片数量变少，枝条容易枯萎，所以修剪此处的时候要尽量保留叶片。

❸ 如果表面出现粗枝的切口，则需从枝条基部修剪。

去枝

❹ 短截长势旺盛的枝条，留下柔软的枝条，整理枝条形状，进行合理布局。

疏剪

❺ 尽量从基部剪掉长势旺盛的枝条，疏离枝条间距。用短截和短剪法进行修剪，保留柔软的枝条，实现合理布局。

杜鹃花类

杜鹃花科 / 常绿灌木（也有落叶类的）
修剪期：谢花后至 6 月
花期：4~6 月
病虫害：杜鹃三节叶蜂、杜鹃冠网蝽、二斑叶螨、茶饼病

提起杜鹃花，人们的印象往往是低矮的丛生灌木。然而，若放任其生长，杜鹃花的株高会轻松超过成年人的高度。实际上，杜鹃花有很多种类，在庭院里起到覆根栽培等作用。如果光照不好则开花不佳；若种植在朝南的绿篱底下等处，花会开得很好；但若夏季持续干旱，就会出现枯萎的情况。因为其根系很浅，所以在少雨时节需要及时浇水。也有树龄达 800 年的杜鹃花。

修剪方法

基本为剃剪。

强剪最好在谢花后进行。

8 月左右花芽开始生长，所以夏季之后要避免强剪。

秋季以后，轻剃剪突出的枝条。如果一定要在秋后强剪，就要放弃第 2 年春季开花的机会。疏剪后，杜鹃花会长得一年比一年大。

杜鹃花有很多种类
①久留米杜鹃（火之国）　②小田汲杜鹃　③石楠杜鹃　④钝叶杜鹃

修剪前的久留米杜鹃篱笆

杜鹃花类宜在谢花后进行强剪。轻剃表面，之后会长得一年比一年大。8月左右开始长花芽，因此8月之后要避免强剪。年末想要调整树形的时候，不要剪掉花芽，只需稍微修剪一下即可

修剪后

修剪后

修剪前的球形杜鹃花

病虫害

每年 5~11 月，杜鹃三节叶蜂的幼虫会蚕食杜鹃。其成虫呈茄紫色，通过产卵管在叶片的边缘产卵，从卵中孵出的幼虫会将除叶脉外的整片叶蚕食掉。

这类害虫很少到健康的植株上产卵。所以长势衰弱的植株较易受害。

如果虫害太过严重，就要果断地将植株挖出来，移植到阳光充足的地方。

杜鹃三节叶蜂的天敌有螳螂、蜥蜴、蜘蛛、猎蝽、青蛙、鸟、泥蜂和寄生蜂等。

另外，5~9 月也经常出现名为杜鹃冠网蝽的害虫。其幼虫和成虫会在叶片上吸取汁液。受害叶片表面发白，好像褪色了一样，所以马上能辨别出来；在受害叶片背面会沾有黑乎乎的虫粪。

捕食性的猎蝽也能以吃杜鹃冠网蝽为食。杜鹃冠网蝽的成虫会在落叶下越冬，所以平时要把杜鹃花植株下的落叶清理干净。

杜鹃三节叶蜂
① 幼虫的食痕
② 幼虫。蜘蛛正在左下角瞄准猎物
③ 产卵的方式是将虫卵产在杜鹃花叶片的边缘处
④ 成虫

杜鹃冠网蝽

① 成虫，外形酷似相扑裁判的扇子，翅膀通透发亮，十分美丽。杜鹃冠网蝽容易在通风不良、持续高温干燥的环境下繁殖，每年会发生 4~5 次

② 食痕。叶片表面泛白，叶片背面的黑色东西是其排泄的粪便

③ 枯萎的杜鹃。杜鹃枯萎常被认为是酷夏缺水造成的，之后可恢复生机

④ 杜鹃花是各种昆虫的蜜源

⑤ 崖壁杜鹃。因该杜鹃花从高处垂下绽放而得"崖壁"二字

吊钟花

杜鹃花科 / 落叶灌木
修剪期：5~6月
花期：4月
病虫害：蚜虫、介壳虫
● 不耐干燥

春季吊钟花的新芽柔软，并开出像白色铃兰一样可爱的吊钟状的花朵，秋季叶片变红，冬季落叶。因此，可以通过吊钟花欣赏到不同的四季美景。因为垂下来的白色花朵挂满枝梢的样子，如满天繁星般美丽，所以在日本，吊钟花又叫作"满天星"。由于其枝条细密，尽管是落叶植物，但多数情况下能用作绿篱。

修剪方法

因为容易萌芽，所以可以放心剃剪。谢花后的5~6月，可以果断进行剃剪。但在其他时间剃剪，容易导致花期变短。

病虫害

耐病虫害，但如果在少雨地区栽种，就会出现蚜虫和吹绵蚧。不过，七星瓢虫和短翅细腹食蚜蝇的幼虫很快就能把蚜虫吃光，所以吊钟花常被种植在无农药管理的庭院内。

① 短翅细腹食蚜蝇幼虫，虽然形似蛆虫，不怎么美观，但它能捕食蚜虫
② 短翅细腹食蚜蝇的蛹，形如水滴
③ 短翅细腹食蚜蝇的成虫
④ 七星瓢虫幼虫。不知道其幼虫形态的人为数众多
⑤ 吊钟花上出现的蚜虫
⑥ 吊钟花上出现的介壳虫

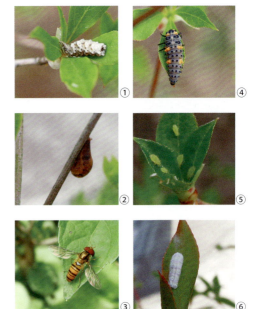

轻剃剪后植株会逐渐长大，所以谢花后宜进行强剪。进行强剪时，如果发现有粗枝突出来，就向枝条基部短截，促使其长出软枝

修剪前

修剪中

修剪后

篱笆修剪前的样子。到了秋季叶片变红

修剪后

粉花绣线菊

蔷薇科 / 落叶灌木
修剪期：6 月下旬 ~7 月
花期：5 月下旬 ~7 月
病虫害：植株强健、少有蚜虫、日本菜叶蜂、介壳虫、白粉病
● 花有深粉色、浅粉色、白色等品种。耐热、耐寒

能开出可爱的花朵，但又不会过分张扬，耐病虫害，同时耐热、耐寒，所以在日本的庭院内长期栽植。其花朵可爱，花期长，所以几乎没有人不种植。粉花绣线菊宜种在半阴处，但该花既耐干燥又抗潮风，所以也可种植在向阳处。

修剪方法

如果不清除谢花后残留在枝条上的花萼，会使植株显得杂乱，所以建议轻剃剪花萼。条件好时，植株可能会二次开花。当徒长枝长得太密集时，容易相互缠绕，需在分叉处进行短截。如果过于茂密，则会导致植株负荷很重，应从植株基部疏剪粗大的枝条。

病虫害

虽然偶有白粉病，叶片、花蕾、花朵也有被日本菜叶蜂的幼虫蚕食的情况，但植株整体强健。很少出现蚜虫。

修剪前

日本菜叶蜂（叶蜂科）幼虫以叶片、花蕾和花朵为食。体色为黄色、绿色、紫色三色的渐变色，圆滚滚的白色幼虫形似水珠，看起来非常可爱

修剪后
修剪完毕后，应自地面起细致地疏除过于密集的枝叶部分，并进行回剪调整，以确保植株内部通风顺畅

连翘

木樨科 / 落叶灌木
修剪期：12 月 ~ 第 2 年 1 月和 5~6 月
花期：3~4 月
病虫害：介壳虫、广翅蜡蝉类、白粉病、纹羽病
●向阳

连翘只有在向阳的地方才能开出美丽的花朵。初春时节，栽植连翘后总能看到耀眼的金黄色树篱。此刻，人们会由衷感叹："啊，原来春天来了！"。近年来，连翘的园艺品种中，花大而美的朝鲜连翘比较容易购得。

修剪方法

12 月 ~ 第 2 年 1 月稍微修剪一下。等谢花后的 5~6 月再进行强度较大的修剪。突出的徒长枝要沿着枝条基部修剪。因为花会自上而下分布在枝条上，所以无论是树篱还是单株的连翘，在没有病虫害的情况下，只对表面进行剃剪即可。

修剪单株连翘时，如果总觉得剃剪出来的造型不太自然，可以剪掉强枝，然后将连翘修剪成类似于圆球的形状。

病虫害

连翘上偶尔也会出现介壳虫，在这种情况下，可对枝条生长过于茂密的地方进行去枝、弱剪。

树篱（修剪前）

球形（修剪前）

树篱（修剪后）

青木

丝缨花科 / 常绿灌木

修剪期：任何时候都可以，但是强剪需在 6 月左右进行

花期：4~5 月

结果期：12 月 ~ 第 2 年 6 月

病虫害：广翅蜡蝉类、介壳虫、褐斑病

● 雌雄异株，结果的是雌株

因为"花开得不好看""只有叶片"等原因，青木在庭院植物中的评价并不是很高。但其油亮的叶片不仅很美，而且在很阴凉的地方也能茁壮成长。倒不如说，在阴凉的地方反而能避免烧叶现象，所以即使在光照条件不好的庭院里也能种植。

如果种植斑叶品种，即使在阴凉的地方也能营造出明亮的氛围。另外，青木是雌雄异株的植物，雌株可以结出漂亮的红色果实。

青木总是容易被人们种在不起眼的地方，因此常常被遗忘。但如果放任不管，多年后植株就会长得十分茂密，如此一来，就容易滋生介壳虫、广翅蜡蝉等虫害。

修剪方法

如果感觉树叶沉重，需要适当疏剪个别枝条，改善通风条件。

避免在冬季进行强剪。

① 在青木上的介壳虫

② 带纹疏广翅蜡蝉幼虫
   容易出现在通风不良的地方

③ 带纹疏广翅蜡蝉成虫

④ 青木的褐斑病
   由丝状菌引起的疾病，叶片部分会变黑

青木喜背阴、半阴的环境。在茂密的地方会向上直立生长，并沿着长势良好或突出的枝条延伸，需要将外围叶片上方的枝条剪掉

修剪前

修剪后

⑤ 雄花
⑥ 果实和雌花
⑦ 种植在背阴处的斑叶青木，营造出明朗的氛围

⑤

⑥

⑦

马醉木

（别名：梫木）

杜鹃花科 / 常绿灌木

修剪期：5~6 月
花期：3~4 月
结果期：9~10 月
病虫害：基本上没有，少数情况下
会有褐斑病

因为马食用了该植物就像喝醉了一样，所以得名"马醉木"。在有机农业领域中，将马醉木煮沸后与大蒜等进行搅拌（制作方法参见第 37 页），制作出来的混合物可作为"天然的农药"使用。开花时期，将花和叶一起使用可以发挥出最大的效果。正因如此，迄今为止我从未见过马醉木植株上有病虫害发生。

马醉木喜半阴的环境。在阳光充足的地方，只要排水良好或未种在黏性土壤中，就能很好地生长。

除了红花品种、白花品种，还有能开出浅红色花朵的品种。长成古树后，能看到满树繁花盛放的美景。

修剪方法

5~6 月修剪，通过去枝整理树形。

马醉木生长缓慢，所以容易让人疏于管理，但为了不使其长成乔木，建议在植株高度适宜的时候进行修剪，以控制植株大小。

修剪前

红花马醉木

修剪后

栀子花

茜草科 / 常绿灌木
修剪期：6 月下旬 ~7 月
花期：6~7 月
结果期：11~12 月
病虫害：咖啡透翅天蛾
● 半阴的潮湿地

栀子花在夏季会开出甜香的白花。在湿度高的日本，夏季该花会散发出馥郁花香，而且越到夜晚，香气越浓。到了冬季，栀子花会结出橙黄色的果实，但只能长在单瓣花上。日本过新年时吃的板栗团子就是用其来着色的。或许是因为果实可口，冬季常能见到栗耳短脚鹎啄食栀子花果实的情景。

修剪方法

谢花后，可根据个人喜好去枝修剪，以控制植株高度。不过，放任不管也不会长得太过茂盛，所以打理栀子花并不太费事。

病虫害

咖啡透翅天蛾的幼虫会不断地蚕食叶片。

因为幼虫呈绿色，所以很难被人发现，一旦发现这类幼虫，可以用筷子等工具将其夹起，然后踩碎。咖啡透翅天蛾长成成虫后，就会变成像蜂鸟一样美丽的飞蛾。

修剪前

1 只咖啡透翅天蛾成蛹之前需要吃掉约 15 片叶

修剪后

瑞香

瑞香科 / 常绿灌木
修剪期：6 月下旬 ~7 月
花期：2~3 月
病虫害：基本上没有，少数情况下
会有蚜虫、茶长卷蛾、花叶病
●半阴。香气迷人

在庭院花卉稀少的 2~3 月，瑞香会绽放芳香的花朵，有白花瑞香、叶带镶边的覆轮瑞香。因为该植物种植时间过久就难以移栽，所以种植前要考虑好栽植的位置。

瑞香宜种植在排水良好、不受大风和阳光暴晒的半阴处。如果种植在潮湿的地方，要略填土堆植。

修剪方法

因为基本上很少出现枝条杂乱生长的情况，所以在谢花后，只需修剪突出的枝条即可。或许是因为瑞香的寿命较短，有时候会出现树叶渐渐变小甚至枯萎的情况。因为瑞香经扦插即可繁殖，所以在新生长的枝条稳定下来的 6 月下旬 ~7 月，可以在修剪枝条交错部分的同时进行扦插。

修剪前。用短截的方法将突出的枝条依次剪掉

多为红花品种。虽然也有白花品种，但香气会淡一些

修剪后

粉团
（别名：雪球荚蒾）

荚蒾科 / 落叶灌木
修剪期：1月~3月上旬、5月下旬~6月
花期：5月中旬~6月上旬
病虫害：黑肩毛萤叶甲、白粉病
● 向阳

这是一种由在山地自然生长的蝴蝶戏珠花改良后的园艺品种，白色球状的花十分美丽。花朵比麻叶绣线菊的要大得多，直径达7~10厘米。粉团会因寒冷而导致枝条枯萎。其吸水能力比较差，所以不适合用作切花材料。

修剪方法

当年长出的新枝（新梢）会开花，所以要避免修剪新枝，并及时清除旧枝。这种植物不适合剃剪，必须通过去枝的方法进行修剪。

病虫害

黑肩毛萤叶甲的幼虫、成虫均会蚕食叶片。将草木灰薄薄地撒在叶片上，或是制作出马醉木液，然后喷洒在叶片表面可有效预防虫害。黑肩毛萤叶甲的天敌有蚂蚁、马蜂、螳螂、蜘蛛、青蛙和鸟。

马醉木液的制作方法

单手抓一把马醉木叶（和花一起更好）放入1.8升的水中煮开，持续沸腾5分钟左右。冷却后加入10克香皂粉，接着用纱布过滤汁液。再加上大蒜芝麻油剂（参见第174页），效果会更好。该液对黑肩毛萤叶甲的成虫也有效。

粉团。将明显突出的枝条修剪回原来的长度

在山地自然生长的蝴蝶戏珠花　　黑肩毛萤叶甲成虫

棣棠花

蔷薇科 / 落叶灌木

修剪期：11月~第2年2月（弱剪）、6~7月

花期：4~5月

病虫害：基本上没有，少数情况下会有柳沫蝉

● 向阳、半阴

有单瓣花和重瓣花的品种。而且还有叶片上有斑点的斑叶棣棠花，在西式风格的庭院里多种有重瓣棣棠花和斑叶棣棠花。

放任棣棠花生长会使其变成高大的植株，所以种植时需要预留有一定的空间。

白棣棠与其他棣棠花品种不同。棣棠花的花有5瓣，叶互生，喜向阳；而白棣棠的花则有4瓣，叶对生，能适应向阳或半阴的环境。

修剪方法

11月~第2年2月，从植株基部开始疏剪枯枝（茶色的枝条，一眼就能辨别）、杂乱的枝条和徒长枝，并将露出的细小枝条以外的其他枝条修剪后，棣棠花就会显得更柔和。

因为这个时期还在开花之前，所以不能强剪，只能弱剪。谢花后的6~7月可以大胆地进行修剪，这也是缩减棣棠花株形的最佳修剪时期。

有时，在公园等地会看到被剃剪过的棣棠花，但看起来会不自然，所以最好不要用剃剪的方法进行修剪。

旧株每隔4年左右，在谢花后的5月中旬以后，从基部起留下15厘米左右的长度，将其余部分全部剪掉就能更新植株。

① 重瓣花

② 白棣棠花的花朵，跟棣棠花的其他品种不同

③ 棣棠花的果实。若就这样放任不管，实生苗会越来越多，所以最好还是把果实都采收下来

修剪前

想保持棣棠花的体量，就需要每年进行疏剪。如果想将棣棠花植株缩小一些，则需要每隔 4 年，从距离基部起 15 厘米处修剪枝条，如右图所示

修剪后

修剪前的单瓣棣棠花
在这样有较大空间的地方种植棣棠花，需要进行疏剪，个别枝条要进行短截

南天竹

小檗科 / 常绿灌木
修剪期：任何时候
花期：6 月
结果期：11 月～第 2 年 1 月
病虫害：介壳虫、花叶病

多福南天竹
植株不高，所以维护起来比较轻松。叶片四季通红，是
庭院内的焦点。但是该品种几乎不结果

南天竹的"南天"，在日文中谐音"难转"，有灾难转走的意思。因此在日本，南天竹常作为传统的吉祥植物被人们种植在庭院里。据说把南天竹的竹叶放在枕头下面，就不会做噩梦。

冬季，南天竹会长出红色的圆锥状果穗，在萧瑟的冬日景色中格外显眼。栗耳短脚鹎、北红尾鸲和斑鸫等鸟类也爱吃其果实。所以想用南天竹的果实作为新年装饰或插花的人，宜用网等将果实包起来，以免被鸟类啄食。

在庭院中，有些园艺爱好者还会群植多福南天竹（别名：五色南天竹、阿龟南天竹），该品种的红叶十分美丽，株高只能达到 50 厘米左右，常被摆放在狭窄的庭院和集体住宅的入口处。但是该品种几乎不开花结果。

修剪方法

初夏时节，可果断地从基部开始修剪，并整理过长的旧枝和根蘖。

若在夏季前剪掉生长点，南天竹就不会开花结果，所以建议先不修剪能继续生长的枝条。

结了果实的枝条第2年不开花，所以可以修剪下来作为插花用。

病虫害

如果枝条生长得太过茂密，就容易滋生介壳虫。形状像冰激凌的吹绵蚧尤其常见。

澳洲瓢虫能防治吹绵蚧，但在野生环境中比较罕见，所以一旦发现介壳虫为害，建议戴上手套直接人工捕杀害虫。

此外，如果南天竹的叶片越长越细，甚至程度逐渐加重，则很可能得了花叶病。

① 修剪前枝条交错，所以要果断地从基部开始进行疏剪
② 花蕾和花
③ 花叶病
④ 吹绵蚧
⑤ 澳洲瓢虫，喜食吹绵蚧

珍珠绣线菊

蔷薇科 / 落叶灌木
修剪期：4~5 月
花期：3~4 月
病虫害：介壳虫
● 向阳

花开的样子就像柳树积雪后的模样。但若因为漂亮就放任其生长，徒长枝就会越长越高，整体给人沉重的感觉。而且其根系还会在院子里向四处蔓延。因此，为了避免这种情况发生，每年都要在珍珠绣线菊的根部周围用铁锹铲断根系。

修剪方法

谢花后的 4~5 月可以进行强剪。将距离地面约 10 厘米处以上的枝条全部剪掉，促发新梢生长。这样细枝就不会徒长，而是均匀地伸展，保持优美的株形，并开出美丽的花朵。

如果想欣赏谢花后的叶片，则从徒长枝较密集的地方开始，依次从基部起进行疏剪。

病虫害

在光照不好的地方，以及密植各种灌木的地方容易滋生球坚蚧。红点唇瓢虫和黑缘红瓢虫是其天敌（参见第 111 页图片）。

修剪前

剃剪后花量减少，反而会降低珍珠绣线菊的观赏价值

修剪后

像柳树一样垂下的枝条上缀满花朵

金丝梅
金丝桃

金丝梅：金丝桃科 / 半常绿灌木
金丝桃：金丝桃科 / 半落叶灌木
修剪期：7 月
花期：金丝梅 6~7 月，金丝桃 5~6 月
病虫害：基本上没有
● 金丝梅喜向阳，金丝桃喜半阴

金丝梅和金丝桃都以绿色柔软的叶片映衬着明黄的花朵，看起来十分美丽。

金丝桃的花蕊修长，显得蓬松柔软。而金丝梅没有飘逸的垂蕊，花朵整体显得圆润饱满。

最近在一些店铺门前能看到植株小巧且果实美丽的大轮金丝梅。其花朵与金丝桃非常相似，但金丝桃原产于中国，而大轮金丝梅是由欧洲的金丝梅改良而来的。

金丝桃在半阴的地方长得很好。金丝梅则喜向阳的地方，若在光照不足的地方就会难以开花。

修剪方法

两种植物的自然树形都呈圆球状，所以无须修剪，但如果感觉很沉重，可以在植株基部对枝条进行疏剪，或者从中剪掉较重的枝条等。

修剪前的金丝梅

金丝梅的花

金丝桃的花

大轮金丝梅与金丝桃开出的花朵十分相似，还会结出漂亮的果实

43

麻叶绣线菊

蔷薇科 / 落叶灌木
修剪期：1、6、7 月
花期：4~5 月
病虫害：蚜虫、介壳虫、白粉病
● 向阳、半阴

粉团和麻叶绣线菊的日文名分别为"大手毬""小手毬"，虽然日文名相似，但科别不同（参见第 37 页）。麻叶绣线菊常用作插花等。

修剪方法

1 月左右修剪完凌乱的杂枝，并在开花后可从基部起对徒长枝和旧枝进行大幅度的疏剪。

病虫害

近年来能经常看到植株上大量滋生球坚蚧。红点唇瓢虫和黑缘红瓢虫是球坚蚧的天敌，可帮助消灭球坚蚧（参见第 111 页图片）。

修剪前

疏剪旧枝（左图）与疏剪的枝条（右图）

修剪后

胡枝子

豆科 / 落叶灌木
修剪期：12 月～第 2 年 2 月
花期：7~9 月
病虫害：介壳虫、蚜虫
●向阳、半阴

胡枝子在日本被列为秋之七草之一，自古以来便是备受喜爱的风韵之花。因为胡枝子的生长范围较广，单独种植于开阔空间才能展现其特点。如果在庭院的石墙上等稍高的地方种植日本胡枝子，还能观赏到其枝条从石墙上垂落的美丽姿态，令人陶醉。

但是若放任不管，植株就会不断长大，并会成为庭院中的障碍物，所以要对此多加注意。

修剪方法

12 月～第 2 年 2 月，修剪从基部起约 5 厘米处往上的所有枝条，有助于枝条的更新，并控制植株的高度。

病虫害

生长过于茂密会导致通风变差，容易滋生吹绵蚧。

① ②

① 花（供图／香川淳）
② 白胡枝子
③ 胡枝子上有"优昙花"之称的草蛉虫卵
④ 吹绵蚧

③ ④

剃剪与去枝

通常，人们通过剃剪的方式来调整树形，但仅采用这种方法会导致植株上半部分显得尤为沉重。

而且只用剃剪的方法修剪，容易使下部的枝条枯萎，发生病虫害。

因此除了剃剪外，还需要进行去枝修剪，尤其是对植株的上半部分，要尽量减少枝条的数量，保证通风和光照条件良好。植株的其他部分也要根据需要进行去枝。

虽然短截也是去枝的修剪方法之一，但进行去枝修剪时应先以减少枝条数量为主。

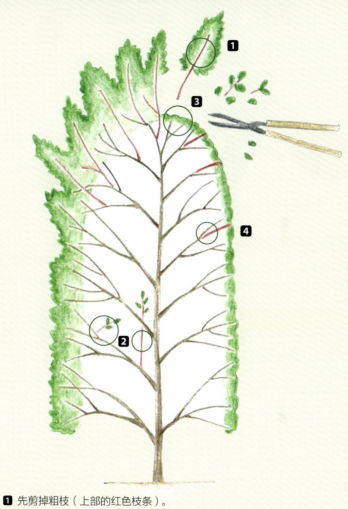

1 先剪掉粗枝（上部的红色枝条）。

2 修剪常绿阔叶植物时，需修剪掉内侧的缠枝或立枝，使其保持良好的通风。

3 强剪枝条，最少限度地保留上部的树叶。

4 当表面出现粗枝的切口时（右侧的红色枝条），需要再往枝条基部修剪。修剪的时候，从下往上修剪会更容易整理形状。因为下部的叶片少了，枝条容易枯萎，所以下部尽量进行弱剪，以保留叶片。

山茶花
茶梅

山茶花：山茶科／落叶灌木、乔木
茶梅：山茶科／常绿小乔木
修剪期：山茶花为谢花后的 1~2 月，
茶梅为 3~4 月
花期：不同种类的花期不同
病虫害：茶毒蛾、蚜虫、广翅蜡蝉类、
蓑蛾、茶饼病、炭疽病、褐斑病

在常绿植物中，山茶花和茶梅从春季到秋季会开出美丽夺目的花朵，所以在庭院中十分受青睐。

山茶花和茶梅的种类繁多，甚至还有山茶花和茶梅的杂交品种，所以很难分辨出两者的差别。而且根据种类的不同，它们的花期也各不相同。有很多种山茶花会在晚秋到初冬时期开花，但也有在冬季开花的，被人们称为"寒椿"。若硬要说山茶花和茶梅的区别，大概就是花朵扑通一声整朵掉落的是山茶花，而花瓣一片片散落的是茶梅（不过其中也有花瓣散落的山茶花品种）。

匍匐寒椿这一品种的山茶花树形低矮，横向伸展，所以多用于群植。

山茶花和茶梅花开时，绣眼鸟、栗耳短脚鹎常会飞来采花蜜。

修剪方法

沿着长势较强的徒长枝，在分枝处将枝条剪掉，然后观察整体的平衡，使植株能够维持跟前一年一样的大小。整理树形时，不要从中间剪断枝条，而应在向外伸展的叶片的正上方修剪，这样枝条看起来会比较齐整，不会像有缺口似的。但若枝条重叠而给人沉重的感觉时，需要将重叠在一起的其中一根枝条剪掉，使植株变得更清爽利落。枝条若交错在一起，一旦出现茶毒蛾后会很难及时发现，进而发生严重的虫害。所以到了冬季，须观察枝条发现并清除茶毒蛾的卵，这样会更好防治病虫害。

没有时间的情况下，先用绿篱剪修剪枝条，整理外侧形状。接着再整理内侧的缠枝和倒枝。

到了第 2 年，花蕾会长在枝梢上，所以如果把新梢全部剪掉，第 2 年便无法开花。

修剪后的山茶花

修剪前的山茶花

新芽不生长的 10 月~第 2 年 3 月，倘若进行强剪，树势可能会变弱，因此这个时期要避免强剪。不仅是山茶花和茶梅，一般的常绿植物在寒冷时期进行强剪，也会出现植株枯萎的情况。

山茶花有时会结出果实。如果放任不管会导致植株长势变弱，所以建议尽量将果实摘除。

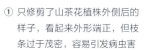

① 只修剪了山茶花植株外侧后的样子，看起来外形端正，但枝条过于茂密，容易引发病虫害

② 在日本人气很高的山茶花品种"薮椿"

③ 白色的山茶花常被人们用作茶席上的装饰插花，非常受欢迎

④ 外形如苹果的山茶花果实

茶毒蛾

山茶花和茶梅上特别容易滋生茶毒蛾。即使不直接接触茶毒蛾，哪怕只是飘落的毒针毛也会使人的皮肤瘙痒和出现炎症，因此在茶毒蛾幼虫出现的 4~6 月、8~9 月要注意多加防范。这也是人们往往会把公共绿化带和居民区的私人庭院里生长的山茶花和茶梅移除，或者不再栽种的原因。但是一想到这种既能制成山茶花油，又兼具食用与美容价值，自古便备受人们青睐的花卉因此被移除，不免感到可惜。

通常只有树势衰弱的山茶花植株会被害虫食尽叶片。强健的山茶花不会被害虫啃食殆尽，因为当茶毒蛾的低龄幼虫蚕食叶片时，山茶花就会释放出某种求救物质吸引寄生蜂。即使叶片真的被啃食殆尽，到第 2 年春季发芽之前也难以判断其是否真的枯死，所以这种情况下建议再观察一段时间。

叶片长出来后，从 4 月下旬左右开始每天仔细观察植株，如果发现有茶毒蛾的幼虫，则须连叶一起除去。为了尽可能地不使用农药，需要用手去除害虫，使植株渐渐恢复生机。如果茧蜂能寄生在茶毒蛾的幼虫身上，植株的生长

⑤

⑧

⑩

⑥

⑨

⑤ 得了茶饼病的山茶花叶上会长出白色的膨胀物，只除去此部分即可

⑥ 被寄生蜂寄生的蚜虫，死亡后变成了"木乃伊"

⑦ 蚜虫喜新芽。生长点等处特别容易被蚜虫吸干汁液

⑧ 得了褐斑病的山茶花。如果发病范围不大，就无须特别在意，只需除去发病部分即可

⑨ 叶片发黄、萎蔫的山茶花。或许是因为土壤贫瘠，或许是因为根部衰弱，也可能是连续几年的夏季干旱天气所致……总之树势衰退的原因不明

⑦ ⑩ 山茶花上的蓑蛾幼虫，又叫"蓑虫"。食欲异常的旺盛，有时还会把植株蚕食殆尽

就会朝着好的方向发展。

　　若每年都会出现茶毒蛾，可能是土壤中的氮元素含量过多所致，所以平时注意不撒施堆肥。

⑪ 被茶毒蛾蚕食殆尽的山茶花，虽然可以在第 2 年发芽，但是叶片变小，植株的长势也会衰退

⑫ 茶毒蛾的卵块，像被毛毡包住的样子

⑬ 卵块里是密密麻麻的虫卵，其中也有寄生蜂的卵

⑭ 在落有虫粪的叶片背面往往有茶毒蛾

⑮ 茶毒蛾的低龄幼虫，只要没有因为农药或化肥导致植株根部衰弱，山茶花植株就会释放出求救物质，用以召唤寄生蜂

⑯ 茶毒蛾成虫，一旦接触茶毒蛾的虫卵、成虫或残体，皮肤就会出现瘙痒，所以要小心

⑰ 茶毒蛾幼虫被某种病毒杀死

⑱ 死因不明的茶毒蛾幼虫。难道和后面的白色囊袋有关？这看起来像是蜘蛛的卵囊……

⑲ 寄生于茶毒蛾的寄生蜂成虫，体形微小，即使在飞行中也很难被人察觉

⑳ 白色米粒状的物体是寄生在茶毒蛾幼虫身上的茧蜂的茧

山茶花的品种

据说山茶花的单瓣花、重瓣花等品种多达 2000 多种。

在日本，像有山茶花原种之称的"薮椿"、花径很小的单瓣花"侘助"等品种都十分受欢迎。重瓣花中，也有宛如玫瑰般大朵的山茶花，抑或是有斑纹的山茶花品种。在小重瓣花中，"乙女椿"能开出许多小花，其粉红的颜色、大小和姿态等十分可爱。

变种中，有一种叫苹果山茶花（屋久岛山茶花）的品种，该品种中有些植株能长出红彤彤的果实。还有一种叫金鱼叶椿的山茶花品种，叶尖分开如金鱼的尾鳍。

㉑ 山茶花　㉒ 西洋山茶花"粉大丽"　㉓ 金鱼叶椿
㉔ 岩根绞　㉕ 重瓣红山茶　㉖ 乙女椿
㉗ 太郎冠者　㉘ 白山茶花　㉙ 红唐子

金鱼叶椿的叶片，叶尖分开，
看起来就像金鱼的尾巴

装饰门檐的山茶花

这是少见地用山茶花装饰的门檐。一般都是用普通的松树或罗汉松来装饰门檐，很少有用山茶花装饰门檐的情况。这个门檐是已故的屋主曾自己亲手打理出来的，他生前酷爱打造庭院。这样的山茶花门檐是经过了很长时间的枝条整形才形成这么漂亮的弧形轮廓，一想到塑造者如此用心，真是令人感动。

通常这样的植株，多用绿篱剪进行修剪，但为了配合客户的时间，一般修剪时间总是在花期，为了不剪掉这些花蕾，就只能用剪刀对整株植株进行一点点地耐心修剪。

为了使整体轻盈、透气，需要剪掉内部的枝条，表面也要修剪得均匀透气，以使植株光照充足、通风良好。

修剪时注意不要成块修剪枝条，否则会给人留下树形层次参差不齐的印象。

采用这种方法进行管理后，茶毒蛾的虫害情况减轻了，寄生蜂也多了起来，山茶花没有受到严重的蚕食。就这样持续了 5 年左右，终于消除了茶毒蛾的虫害。这让我意识到，修剪真的很重要。

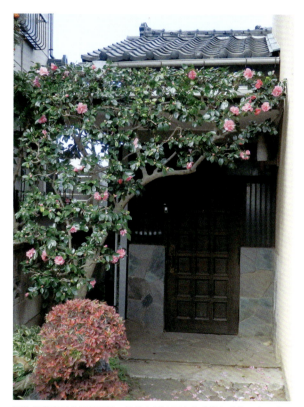

图为修剪完后的门檐样貌，门檐少见地用山茶花进行装饰。为了能让花朵继续不断绽放，修剪时保留了许多花蕾

桂花

木樨科 / 常绿中木
修剪期：谢花后至第 2 年 3 月
花期：9 月末 ~10 月上旬
病虫害：植株强健，但偶有小褐伪
瓢叶蚤、介壳虫
● 半阴。香气十足

桂花是日本的庭院中最常见的植物之一，当桂花甜美的清香随着秋风飘来时，能让人感受到秋季的到来。桂花能抗病虫害，且容易修剪成形，因此常被栽植在庭院里作为绿篱。有些人还会用其来酿制桂花酒。

桂花在向阳和背阴的地方都能生长，但如果是在很干燥的地方树势就会变弱。倘若在完全阴凉的地方，虽然枝条会不断伸长，但枝条长势迟缓，长不出小枝和芽，也不会开花。所以，桂花最宜栽植在半阴凉的地方。

桂花中有花朵为白色、浅黄色等的品种。据说日本的桂花都是不结果的雄株。虽然偶尔也能看到挂着果实的植株，但那应该是银桂花或者是浅黄桂花。

修剪方法

用绿篱剪强剪树形，上部的修剪强度应大于下部。然后再将内部茂密缠绕的枝条仔细修剪。通透度以能看到对面的风景的程度为宜，这样整株植株就不会有沉重的感觉，还能确保通风良好、光照充足。桂花植株能承受强剪，当植株过大时，可以大胆地进行缩剪。

强剪要在初冬前结束。若在寒冷的隆冬季节过度修剪，可能会导致植株枯萎，所以这点要多加注意。但是，如果在第 2 年 4 月以后修剪，又会剪掉花芽，到秋季就不会开花。所以不管多晚，我都会在谢花后至第 2 年 3 月底前结束修剪。

病虫害

过去主要会被以齿叶木樨为食的小褐伪瓢叶蚤的幼虫、成虫蚕食。现在的桂花虽未有严重的病虫害，但往后仍需注意防范。

修剪后

修剪前
里面的高大植株是桂花

如果继续剃剪，徒长枝和粗壮的枝条会越
来越多，所以需要通过去枝的方式进行修
剪。要想维持树形就需要进行强剪，但注
意北侧的枝条和下部的枝条不要修剪过多

① 桂花的花（供图 /
　香川淳）
② 浅黄桂花的果实
③ 蚂蚁和介壳虫
④ 小褐伪瓢叶蚤成
　虫。也会出现在桂
　花上，并蚕食叶片
　（图中的叶片非桂
　花叶片）

青冈类

壳斗科 / 常绿乔木
修剪期：6~7月、10~12月
花期：4~5月
结果期：11月
病虫害：蚜虫、青铜金龟、白粉病、褐斑病

青冈、小叶青冈、乌冈栎、长果锥等青冈类植物的植株普遍高大，一旦放任生长，就很难维持合适的树形，所以不建议将这类植物栽植在空间小的庭院里。

虽然有人会因为橡子可爱而想栽植青冈类的植物，但如果不修剪就无法维持合适的树形，还会结不出橡子。因此，栽植青冈类植物前，建议要仔细考虑一下。

修剪方法

虽然常见夏季前进行强剪的做法，但最好还是让植株在夏季保持茂盛的状态，这样既能让植株更好地进行蒸腾作用，也能形成遮阴纳凉的空间。夏季只修剪徒长枝，去枝则在秋季以后进行。

有的地区甚至将其当作防风高墙。如果要打造成树篱，就需要进行剃剪。这类植物易得白粉病，所以需要将重叠在一起的枝条疏除，以保证通风良好。

① 被青铜金龟蚕食的青冈的叶片
② 青铜金龟
③ 青冈类的植物上常有栗大蚜的虫害
④ 栗耳短脚鹎的巢穴。7月下旬，在约1.5米处的小叶青冈上筑成的巢穴。外侧使用了大量的塑料绳，不过产座的内侧仅使用了天然材质（主要为棕榈）。栗耳短脚鹎产下3枚蛋，在炎热的天气里依然持续孵蛋

修剪后的青冈

枝梢的细枝密生，需要进行修剪使其能通风良好。当长出较多萌芽枝时，表明树势可能比较衰弱，此时要多保留一些叶片观察情况

修剪前的青冈

小叶青冈修剪前

小叶青冈修剪后

长果锥修剪前

长果锥修剪后

⑤ 乌冈栎，叶片轮生，每轮着生 5 片叶。易患白粉病和褐斑病

⑥ 乌冈栎树篱

⑤

⑥

含笑花

（别名：唐黄心树 / 香蕉树）

木兰科 / 常绿乔木

修剪期：6~7 月、开花的时候为 2~3 月
花期：4~6 月
病虫害：基本上没有，偶有介壳虫
● 喜半阴，芳香

由于含笑花的花朵闻起来像香蕉一样甜美，所以又被称为香蕉树。秋季会结出红色的果实。日本也有含笑花的特有品种，但近年来在日本的庭院中栽植的几乎都是中国原产的含笑花，别名"唐黄心树"。

该植物不耐寒，可以在向阳到半阴的地方生长，但最喜半阴。

修剪方法

谢花后 6~7 月需要进行修剪，若能保持良好的通风，基本上不会出现病虫害。夏季以后很快就会长出花芽，所以合适的修剪期很短。

由于长势旺盛的徒长枝不长花芽，所以需要剪短徒长枝，并留下 3~6 个芽。

想促进开花，就需要在 2~3 月以徒长枝为中心进行弱剪，同时确认并保留花芽。

该植物的生长较为缓慢。

修剪前

含笑花的花。因为有着甜甜的香味，所以还被称为香蕉树

修剪后

齿叶木樨

木樨科 / 常绿中木
修剪期：3、4、11 月
花期：10~11 月
病虫害：小褐伪瓢叶蚤
● 半阴凉。据说为柊树和桂花的杂交品种

齿叶木樨是雌雄异株的植物，常见的基本为雄株。

叶片的边缘和柊树很像，呈锯齿状，触碰会有痛感，所以经常被用作绿篱，以起到防盗作用。

从 5 月左右到秋季的这段时期进行修剪，虽然不能欣赏到花朵，但因齿叶木樨的花不显眼，花香也比其他木樨科的植物要弱，所以可以不用太在意开花因素。

修剪方法

先用绿篱剪剃剪树形。然后对枝条茂密的部分和内部的枝条进行去枝修剪，以保持整体平衡，使植株通风良好。特别是上部要进行强剪，越往下越要弱剪。

病虫害

近年来，小褐伪瓢叶蚤的幼虫和成虫对齿叶木樨的蚕食情况非常严重。被蚕食后的齿叶木樨观赏价值显著降低。小褐伪瓢叶蚤的成虫与捕食介壳虫的红点唇瓢虫相似，但靠近后前者会像跳蚤一样跳跃，由此可辨别出两者。

因为小褐伪瓢叶蚤喜食新芽，所以在初春和秋季不要放任枝条生长，要及时修剪，只留下旧的叶片，由此可防范此类害虫。只是，这样可能会导致树势逐渐衰弱。因为修剪后新芽往往会长得更快，所以选择在植株进入休眠的冬季进行修剪，就能避开温暖的季节修剪导致树势衰弱的情况。

柊树中也有这类严重的蚕食情况，桂花和日本女贞也偶有这类虫害。根据我们的观察，其他荫蔽环境中的植株受害较轻，所以我们认为这可能是因为本是喜半阴的齿叶木樨，却作为绿篱种植在朝南向阳的地方，才导致植株衰弱的。

因为成虫会在冬季的落叶下越冬，所以为防治病虫害，应将落叶全部清除。初春时越冬的成虫开始活动并交配产卵，孵化的幼虫钻入叶片中进行蚕食，接着在化蛹前来到地面。因为马蜂、螳螂、蜘蛛、青蛙和鸟等都能捕食幼虫，所以打造出有这些动物的庭院就无须施农药了。

① 修剪前，害虫正在残食植株。这种情况下，需要进行弱剪，尽量将叶片保留下来

② 花（供图 / 香川淳）

③ 被蚕食的齿叶木樨

④ 小褐伪瓢叶蚤成虫，疯狂蚕食的同时会排粪

冬青卫矛

卫矛科 / 常绿灌木

修剪期：6~8月、11月~第2年2月

花期：6~7月

结果期：12月~第2年1月

病虫害：大叶黄杨长毛斑蛾、大叶黄杨尺蠖、白粉病

从4月左右起，冬青卫矛开始长出新叶，并形成一片绿油油的景象。该植物在阴凉处也能生长。因为是常绿植物，常被种植在北侧作为绿篱使用。近年来，能点缀庭院的斑叶冬青卫矛和金边黄杨这种叶片呈草绿色的彩叶品种很受欢迎。在结果的时候，栗耳短脚鹎、斑鸫、北红尾鸲都会来采食。

修剪方法

用绿篱剪修剪树形，茂密缠绕的地方需要进行抽枝修剪，以保证通风良好。

病虫害

易患白粉病，所以要进行去枝以保证通风。

修剪后（斑叶冬青卫矛）

通过剃剪修整树形。因为冬青卫矛容易得白粉病，所以要注意进行去枝，使其通风良好，维持树形的整体平衡

修剪前（斑叶冬青卫矛）

如果不施农药，就会吸引以菌为食的柯氏素菌瓢虫（参见第 84 页图片）前来吃掉白粉病的病菌。

对于小型冬青卫矛，可以用 25~50 倍的醋水浸湿布，一片片地擦拭叶片。如果冬青卫矛植株很大，这样做比较困难，可喷洒问荆茶（参见第 175 页）。用生活垃圾制造堆肥的（参见第 175 页），也可以喷洒堆肥茶预防病虫害。

① 金边黄杨
② 红点唇瓢虫。据说红点唇瓢虫喜食介壳虫，但在此图中它在捕食白粉病的病菌
③ 大叶黄杨尺蠖，其幼虫以冬青卫矛为食
④ 大叶黄杨长毛斑蛾幼虫，会蚕食冬青卫矛

火棘
（别名：红子刺）

蔷薇科 / 常绿灌木
修剪期：6 月下旬 ~9 月
花期：5~6 月
结果期：10 月 ~ 第 2 年 2 月
病虫害：介壳虫、蚜虫、舞毒蛾、
栎黄卷蛾、苹掌舟蛾
● 栗耳短脚鹎喜食其果

夏有白花，冬有红果，可谓美不胜收。如果没有果实，可能就没有人会想要栽植这样一株满是荆棘的植物了。火棘尖刺的锐利是无法用语言表达的。锋利的刺还会穿透袜子或鞋底，甚至会刺破衣服，致人流血受伤。

火棘果刚成熟的时候鸟类不怎么采食，但在 1~2 月就能经常看到栗耳短脚鹎采食果实的情景；灰喜鹊、绣眼鸟、斑鸫、北红尾鸲等也喜欢采食。鸟类之所以直到过年都不采食果实，似乎是因为果实的毒性需要经过一段时间才会减轻。结出黄色果实的品种叫"窄叶火棘"。

修剪方法

若修剪粗壮的枝条，枝条会快速向四面八方伸展。因此，每次出现徒长枝就要剪掉，每年修剪 2~3 次。修剪时要注意不被棘刺伤。一定要戴上厚厚的皮手套，并穿上长袖长裤进行修剪。

修剪前

爆发生长的火棘

修剪后
因为没有生长得太茂密，所以只需简单去枝修剪即可

自幼树期即需开始整形修剪。花芽会着生在上一年长出的短枝上，平时要勤加修剪，不能放任不管。尤其要注意植株上的徒长枝。修剪的关键是在徒长枝变粗之前剪掉。如果疏于管理，等徒长枝粗壮后再修剪，即使剪掉了徒长枝，切口处也会每年都长出徒长枝。根据栽培经验，粗壮的植株不适合进行去枝修剪。

病虫害

虽然人们一直认为火棘不易发生病虫害，但正因为火棘是蔷薇科的植物，所以也容易滋生害虫，火棘曾出现被舞毒蛾和苹掌舟蛾的幼虫蚕食的情况。

我亲眼看见过舞毒蛾会蚕食各种各样的植物，看到过楸子植株上的舞毒蛾被长翅目昆虫吸汁杀死的情况。此外，舞毒蛾虫害大暴发后，它们还会被一种叫灯蛾噬虫霉的杀虫菌大量消灭。

此外，茶长卷蛾的幼虫也会蚕食火棘。

① 苹掌舟蛾的低龄幼虫，虾褐色，喜食蔷薇科植物 ❧② 苹掌舟蛾的成龄幼虫，如同日本传怪中虎头鱼身的妖怪鱼虎一样身体蜷曲，毛长但无毒 ❧③ 苹掌舟蛾成虫 ❧④ 舞毒蛾幼虫，出现在各种植物上，无毒 ❧⑤ 产卵的舞毒蛾成虫 ❧⑥ 舞毒蛾的卵囊 ❧⑦ 舞毒蛾幼虫，死于一种能杀死昆虫的叫灯蛾噬虫霉的真菌 ❧⑧ 长翅目昆虫是舞毒蛾幼虫的天敌 ❧⑨ 火棘的棘上长有虫卵。从这个草蛉虫卵中孵出来的幼虫会捕食蚜虫，且食欲旺盛

全缘冬青

冬青科／常绿乔木

修剪期：6~7月、11~12月
花期：4月
结果期：11月
病虫害：梣黄卷蛾、介壳虫、蚜虫、褐纹大尺蛾、叶斑病
●背阴、向阳均可

全缘冬青多栽植于比较古老的庭院里，多被修剪成重云状。但在自然风格的庭院里，修剪齐整的重云状树形反而会给人一种不自然的感觉，这种情况下宜修剪成一体的树形。

修剪方法

很多人以为只需剃剪就可以，但剃剪后，还需要将倒枝和立枝从基部彻底疏除，以保证枝条之间通风条件良好，平衡枝条的分布。这样一来，既能确保通风良好、光照充足，又能有效预防病虫害。

病虫害

图片中的植株正遭受红蜡蚧的严重侵害。为此，需要小心翼翼地将红蜡蚧刮除，并用醋水（参见第61页）擦拭每片因红蜡蚧的蜜露而发霉患上叶斑病的叶片，这样可使植株逐渐恢复。经过修剪改善光照和通风条件后，全缘冬青再未遭受过病虫害。

褐纹大尺蛾的幼虫为大型尺蛾，会蚕食全缘冬青（参见第80页图片）。

修剪前

红蜡蚧

修剪后

光叶石楠

蔷薇科 / 常绿中木
修剪期：2、7、12 月
花期：5~6 月
病虫害：梨眼天牛幼虫、芝麻褐
斑病

　　光叶石楠中，叶片鲜红的叫红叶石楠。杂交品种"红罗宾"红叶石楠的新芽也会变得鲜红，叶片也很大，萌芽强健，长势旺盛。这两者多用作绿篱。

　　无论是红叶石楠，还是"红罗宾"红叶石楠，它们的新芽在 1 年中会变红 2 次。花是由白色的小花聚集成团的，呈半球形盛开，但因为常被剃剪，所以很少有机会能看到它开花的样子。

修剪方法

　　偶尔也能看到单株直立的植株，但不论是作为树篱还是孤植，每年都需要修剪 2~3 次（避开盛夏），修剪后，如果看到有些枝条茂密缠绕，就要进行去枝修剪。

修剪前的光叶石楠树篱

① 光叶石楠的花
② 萌发出新芽的"红罗宾"红叶石楠
③ 芝麻褐斑病
④ 梨眼天牛幼虫的粪便

修剪后的光叶石楠树篱

① ② ③ ④

尤其是单株种植的情况下，如果只修剪表面，内部枝条就会变得密集茂盛，植株整体看起来非常沉重，所以需要去掉其顶部的杂枝，使植株变得更轻盈，以确保通风良好、光照充足。若放任不管就会长成高大植株，因此需要多加注意。

病虫害

近年来，因感染芝麻褐斑病而落叶的植株增多。芝麻褐斑病是一种真菌病害，如果周边发生病害，植株很有可能会被其菌丝传染。这种病害对绿篱的侵害尤为严重，所以新建绿篱时，最好不要以光叶石楠作为栽植材料。

另外，光叶石楠的枝条上有时还能看到散乱的麻布纤维状的物质，那是梨眼天牛幼虫的粪便。遇到这类虫害时，植株不一定会枯死，但是当植株长势衰弱的时候就会枯死。一般幼树受害的情况较多。如果发现有这类虫害，应仔细观察庭院一周，以捕杀其成虫。梨眼天牛幼虫的天敌有鸟、捕食蜂、寄生蜂等。成虫也可能会被白僵菌杀死。通过修剪改善通风条件后，梨眼天牛幼虫很容易被这些天敌捕食。

厚皮香

山茶科 / 常绿乔木
修剪期：6~7月、10~11月
花期：7月
结果期：10~11月
病虫害：绿小卷蛾、介壳虫、叶斑病
●半阴、向阳

厚皮香作为传统日式庭院的常见栽培植物，多被修剪为重云状（参见第143页）。在传统的日式庭院中，松树、全缘冬青、厚皮香、罗汉松等常作为主要造景植物，但近年来，庭院中种植这类植物的情况日渐减少。

修剪方法

虽然主干生长缓慢，但每一根侧枝都是垂直生长的，若一年不修剪，枝条就会长势迟缓，导致树形难以控制。厚皮香的特征是枝梢会长成立枝。另外，由于枝梢从一处呈放射状长出枝条，会形成轮生枝或者三叉枝，修剪时要保留2根枝条。长大的植株，可以

修剪前

植株顶部枝条密生，需要强剪并整理粗枝。长时间没打理，可以先把粗壮的枝条进行短截，然后再剃剪

① 花，微微飘香
② 绿小卷蛾幼虫，用虫线把叶片串卷起来并潜伏在里面。卷叶里全是其粪便

修剪后

先剃剪，再整理交叉的枝条。

病虫害

会出现绿小卷蛾的虫害。

轮生枝的修剪方法
③ 修剪前，5 根侧枝呈放射状伸展
④~⑥ 用剪刀从分枝处剪掉枝条，留下 2 枝使植株保持平衡
⑦ 修剪后

黄杨
锦熟黄杨
（别名：瓜子黄杨）

黄杨科／常绿灌木、中木
修剪期：6~7月、9~11月
花期：3~4月
病虫害：黄杨木蛾、苹黑痣小卷蛾、二斑叶螨、金绿宽盾蝽、小褐伪瓢叶蚤
●半阴、向阳

黄杨和锦熟黄杨常通过剃剪的方法修剪成圆形、方形、螺旋形、鸟或动物等形状装饰庭院，或种在花坛的边缘，又或是作为绿篱等。

在传统的日式庭院中，常将黄杨修剪成圆球形，但近年来已不流行这种装饰方法。

从 20 世纪 70 年代开始，在庭院里种植锦熟黄杨的情况增多。因其能修剪成箱形，所以在日文里叫作"箱树"。锦熟黄杨的叶片比黄杨鲜亮而纤薄，触感相对柔软，在西式庭院中是比较受欢迎的植物，所以又名"西洋黄杨"。但是，锦熟黄杨被黄杨木蛾蚕食的情况会比黄杨更严重。

如果植株长势良好，则应对向阳的部分进行强剪，下部的枝条和北侧向阳少的部分进行弱剪。树势较弱的植株整体都要进行弱剪，并保留大部分叶片，观察植株的情况

修剪前的黄杨

修剪前的锦熟黄杨

修剪后的锦熟黄杨

修剪后的黄杨

修剪方法

黄杨和锦熟黄杨均采用剃剪法，如果每年都要修剪，只需将当年长出来的部分枝条剪掉即可。不过，若顶端长势突出，修剪的力度就要大一些。如果顶部是凹陷状态，则要适当调整枝条分布。另外，出现粗壮的枝条和萌芽枝等时，也要用园艺剪去除枝条。

① 苹黑痣小卷蛾幼虫。因为是一种卷蛾，所以会将叶片卷起来 ② 黄杨木蛾幼虫正在进食的样子！③ 黄杨木蛾幼虫留下的食痕 ④ 金绿宽盾蝽的成龄幼虫。幼虫在成龄之前都常见于庭院中 ⑤ 金绿宽盾蝽成虫。幼虫和成虫以前被认为会食黄杨的叶片，如今知道它们其实会吸食各种植物汁液 ⑥ 小褐伪瓢叶蚤成虫。一般情况下，小褐伪瓢叶蚤幼虫和成虫都会蚕食齿叶木樨，但不知为何，图中的它们正在蚕食黄杨

让花匠泪崩的"凸窗"

图为流行一时的凸窗。在不超过建筑覆盖率的情况下，有不少家庭曾为了拓展居住空间，打造了这样的凸窗。但是这样的凸窗却让园艺工作者颇为困扰。为什么这么说？凸窗严重阻碍通道，人员通行困难，梯具搬运不便，修剪后的枝条垃圾袋也常被卡住。此外，在凸窗下除草、打扫卫生时，若稍有不慎抬头便会碰撞受伤……诸如此类，不胜枚举。显然这些家庭在盖房子的时候，肯定没有考虑过园艺工作的便利性。连园艺工作者都觉得这样的院子干活不便，住户日常用也会觉得麻烦。所以打造庭院时，一定要慎重考虑要不要采用这种凸窗设计！

狭窄的过道上有一个凸窗。搬梯子和拿出装着剪掉的枝条的垃圾袋都非常困难

69

檵木

金缕梅科 / 常绿中木
修剪期：6 月
花期：5 月
病虫害：广翅蜡蝉类、白粉病

金缕梅是一种会开出黄花的落叶植物，而檵木是一种开出乳白色小花的常绿植物。近年来，花朵鲜红的红花檵木很受欢迎，常被用作绿篱，也有单株种植的情况。向阳的地方花会开得更好，但应避免西晒。

修剪方法

因为萌芽有力，所以徒长枝长得很好，会沿着长势较好的枝条不断生长，需要将这类徒长枝修剪回原来的长度。然后进行剃剪即可。檵木耐强剪。剃剪后枝条会变密，很容易滋生褐缘蛾蜡蝉的幼虫，这种情况下，最好去掉上面的枝条。

先剃剪，然后调整树形。去掉缠绕在一起的枝条，保证植株通风良好，最后调整平衡即可。徒长枝较粗时，剃剪前最好先将徒长枝从枝条基部剪掉

修剪前的红花檵木

红花檵木的花

修剪后的红花檵木

防止蜜蜂筑巢

在有的庭院里，一株约6米高的夏椿植株上，每年都有拟大胡蜂来筑巢。或许对拟大胡蜂来说，这是一个理想的筑巢场所。

以前去加拿大学习园艺疗法的时候，我曾请当地人推荐一家可以享受英式下午茶的开放式咖啡馆。虽然当时的我在宽敞的庭院里优雅地享用着茶和三明治，但是院里的植物各处挂着的茶色袋子引起了我的注意。询问后店家说那是一个"防蜂袋"。如果把类似蜂巢形状的物品挂在上面，蜜蜂就不会来筑巢。

想起这件事后，我试着在夏椿植株上挂上在家具店购买的装饰椰壳。从此之后，植株上再也没有拟大胡蜂来筑巢。据说这是因为蜜蜂会主动回避已有蜂巢的地方。

这种方法应该对马蜂也有效。不过，马蜂没有拟大胡蜂那么凶猛，马蜂能捕猎各种毛毛虫，所以如果马蜂巢穴出现在不与人类有接触的地方，是可以保留下来的。

用椰壳驱赶要来筑巢的蜜蜂

拟大胡蜂的蜂巢

修剪时发现马蜂窝后停止修剪，保留蜂窝

短截

疏除强势生长的枝条和徒长枝、面向内侧和下侧的倒枝和缠枝等，并留下柔软的枝条，就能修剪出自然的树形。这种修剪方法叫"短截"。

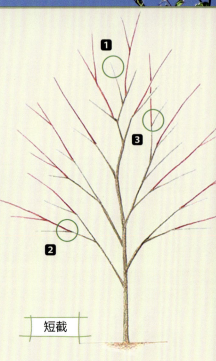

短截

1 修剪基本从上部开始。先确定株高，短截枝条，并留下顶部中心的枝条，然后依次向下修剪。修剪的同时要注意树形和枝条分布的平衡。

2 剪掉所有标记为红色的枝条。将长势旺盛的枝条，从长到短依次进行短截。

3 即使修剪立枝会让树形出现缺口，也应截断枝条，留下一半长的枝条。当没有枝条需要短截时，就要进行短剪。对主要枝条进行短截，初步形成大致的树形后，再疏除缠枝。

落叶植物

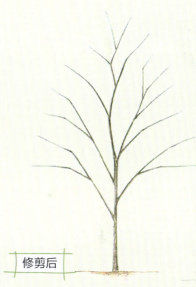

植物一般要在落叶期进行主要的
和强剪。观花植物、结果植物在
时期会长出比较多的花芽，所以
下带有花芽的枝条。因为也有一
枝和短枝上会长花芽，所以枝条
剪得太多。避免在春季到初夏时
行强剪，等6月过后，枝条生长
下来时再进行强剪。如果不追求
结果，也可以在落叶前进行强剪
少落叶量。

剪前

修剪后

插图中省略描绘了枝梢，但修
剪的时候要尽量保留柔软的细
枝，有助于保持树形稳定。

常绿植物

6 月左右，待春季到初夏时期生长的枝条稳定下来后，可进行修剪，以保持植株通风良好。但是有些植物在阳光直射下枝叶会变少，甚至出现树干开裂受损，所以修剪时注意不要过度修剪。夏季植株茂盛生长，能有效降低庭院的气温，所以可以等到 9 月中旬之后再进行修剪。秋季枝条生长趋于停滞，树形可以维持到第 2 年。

修剪后

插图中省略描绘了枝梢，但在修剪时要尽量保留柔软的细枝，有助于稳定树形。

个别植物（尤其是南方的植物），如果在冬季进行修剪，可能会使枝干枯萎，这点需要注意。

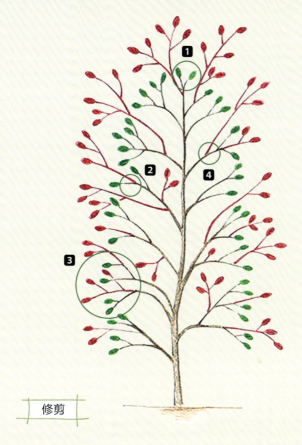

修剪

1. 修剪基本从上部开始。先确定株高，然后短截并保留顶部中心的枝条，接着依次向下修剪。修剪时要同时注意树形和枝条的分布。

2. 剪掉图中所示的红色枝条。将长势较旺盛的枝条由长到短依次进行短截。

3. 树形出现缺口的情况下，若出现缠枝，也要短截枝条。一些无法轻短截的枝条就要进行重短剪。

4. 从主要枝条开始进行短截，初步形成大概的树形后，再疏除缠枝。

柑橘类
（香橙　金柑）

香橙：芸香科 / 常绿乔木
金柑：芸香科 / 常绿灌木

修剪期： 香橙 10 月、金柑 3~5 月
花期： 香橙 5 月、金柑 6 月末 ~8 月
结果期： 香橙 11~12 月（青橙在 8 月左右可以结果）、金柑 2 月上旬 ~5 月中旬
病虫害： 介壳虫、蚜虫、柑橘凤蝶、蓝凤蝶、碧蛾蜡蝉、潜蝇、叶斑病
● 向阳（香橙也可种植在半阴处）。
温暖地区

柑橘类水果适宜种在温暖地区。种植选址宜保证阳光充足，应避开风大的地方。

香橙种在半阴的地方也可以结果。

上一年生长的枝条（主要是春枝）的顶端会长出花芽，开花结果。但是上一年结过果的枝条不长花芽。

在日本，香橙有花橙和本橙品种。本橙的果实虽然外观粗糙，但比花橙的大，且香气浓郁，适合烹饪。将香橙榨汁制成的橙醋，味道醇厚可口，与普通的醋截然不同。

当果实采收太多而不知如何处理时，可以将多余的香橙制作成香橙果酱或香橙蜂蜜。有人曾用香橙籽泡酒制作化妆水，涂上后可让肌肤变得光滑。

修剪方法

主要是修剪交叉在一起的枝条，使植株能够光照充足，阳光能照射到植株内部。

如果花芽已经长出来了，修剪时需要仔细观察，留下花芽。若花芽数量过多，果实可能会变小，所以要果断疏除一半的花芽，以促进结出味道更好、个头更大的果实。

但果实结得太多，会消耗植株的能量，使树势变弱。另外，果实一直不采收也会让植株衰弱，所以要在适当的时期采收果实。

修剪带刺的植株时，要佩戴皮手套，但皮手套太厚会影响操纵剪刀的灵活性，所以皮手套的厚度要适中。

香橙的花

香橙修剪前。果实压弯枝条的样子。在采收果实的同时，修剪徒长枝、缠枝、倒枝，确保植株通风良好、光照充足

香橙、金柑的修剪期一般为3月左右，但最好是在果实收获时修剪，修剪方法以短截为主，保证通风和向阳，并尽量保留短枝。

修剪后的香橙

采收要点

修剪柑橘类植株的难点在于枝刺。即使佩戴皮手套，修剪香橙等植株时，植株上的刺也会扎破手套。而且品质好的香橙果实多长在枝条茂盛的地方，所以采收果实时，不得不将手伸进荆棘丛生般的枝丛中。

因此需要在采收果实的同时，修剪内部生长茂盛的枝条，如倒枝等。

① 吹绵蚧成虫

② 吹绵蚧幼虫

③ 褐软蚧（上）和粉蚧（下）

④ 矢尖蚧，常危害柑橘类植株。图中的为雄茧。果实上常见的且呈黑芝麻状的为雌成虫

⑤ 柑橘凤蝶的低龄幼虫。柑橘凤蝶和蓝凤蝶的幼虫会蚕食柑橘类植株的叶片

⑥ 柑橘凤蝶的中龄幼虫

⑦ 柑橘凤蝶的成龄幼虫。长大后会有如蛇眼般的眼珠

⑧ 蓝凤蝶的成龄幼虫

⑨ 因凤蝶深沟姬蜂的寄生而中空的凤蝶蛹

⑩ 长在香橙上的带纹疏广翅蜡蝉幼虫。多滋生在枝条茂密的柑橘类植株中。如果幼嫩的绿色枝条被蓬松的白色物体覆盖，首先可以考虑有碧蛾蜡蝉类的滋生

⑪ 带纹疏广翅蜡蝉成虫。它的翅膀是透明的

⑫ 牛头伯劳鸟会将蜥蜴和螳螂插入带刺的植物上作为储备粮。因此在日本的俳句季语中有"牛头伯劳鸟的祭品"一说

夏椿
（别名：娑罗紫茎）

山茶科 / 落叶乔木

修剪期：11 月～第 2 年 2 月

花期：6~7 月

结果期：8 月左右可以结果，但要等到秋季果实才会成熟变成褐色

病虫害：广翅蜡蝉类、茶毒蛾、褐纹大尺蛾

夏季开出的花朵像白色的山茶花。因为是山茶科的落叶乔木，所以偶尔会发生茶毒蛾虫害。

落叶植物不适宜在夏季移栽，其中尤以夏椿为最。有时植株虽呈现存活状态，但树干可能在一点点地枯萎。此外，夏椿在光照充足、十分干燥的地方会突然枯萎。

我会把开小花的日本紫茎种在家中阳光照射不到的地方，它每年会陆续开放一日即谢的花朵。谢花后褐色的果实看起来像一朵褐色的花。

修剪方法

因为花芽会长在上一年生短枝顶端，所以冬季剪掉枝梢，就相当于剪掉了花芽。

栏　目　**香橙之乐**

香橙蜂蜜的制作方法

洗净并擦干香橙上的水分，将其切成圆片放入瓶中，接着淋上蜂蜜至盖住香橙片的程度。

放置 3 小时后即可饮用。

可取合适的杯子，倒适量香橙蜂蜜汁于热水中调饮。

因为这款香橙蜂蜜汁没有经过加热处理，所以制作完成后要在几周内饮用完。

香橙腌萝卜的制作方法

萝卜 1 千克　　香橙 1 个

混合调料

砂糖 200 克

醋 120 毫升

盐 1.5 汤匙

供图 / 岩谷美苗

① 萝卜去皮，切成适口的不规则块状。

② 用刮擦的方式削去香橙的表皮，把香橙皮切成细丝（里面的白色组织不要放进去）。

③ 将切块的萝卜和切成细丝的香橙皮放入容器中，撒上混合好的调料拌匀。3~4 小时后就可以食用了，2~3 天内食用都很美味。

用短截的方式剪掉长势较好的粗枝。长叶后进行短截时要注意保持树形的平衡，以及保证光照充足和通风良好。强剪宜在落叶期间进行。

夏季修剪前

花

夏季修剪后

①

②

③

冬季修剪前

① 夏椿上的触啮虫。虽然看起来会蚕食植株，实则只吃食植株上生长的苔藓等
② 褐纹大尺蛾模仿夏椿的枝条
③ 褐纹大尺蛾（在全缘冬青上）

冬季修剪后

三裂树参

五加科 / 常绿中木
修剪期：除 1~2 月的严寒期和 8 月的酷暑期外均可
花期：7~8 月
结果期：11 月
病虫害：偶有介壳虫、尺蛾、潜蝇、蚜虫
● 背阴、半阴

因为叶片的形状独特且四季常青，所以可以布置在房子的北侧窗户旁作为遮蔽物用。因为能在背阴处生长，所以种植十分方便。但因为不耐旱，所以最好不要种植在南侧有阳光照射的地方。虽然其叶片光洁、形状独特，但根据生长环境的不同，也有一些品种的叶片是没有分裂的。

修剪方法

若枝条过于茂密会因为通风不良而枯萎，所以要通过去枝改善通风。这一过程中要观察好整体树形的平衡，疏剪枝条，使枝条均匀扩展。若从树干中间修剪枝条，会让植株看起来不美观。所以如果叶片长得好，可以在长出叶片的地方稍微斜剪枝条。若放任植株生长，枝条就会变得长势迟缓，导致不长下枝，为了避免这种情况的发生，需要在幼树期的时候就开始修剪，控制枝条的生长，每年至少要修剪 1 次，使下部的枝条繁茂，上部通透。

修剪三裂树参时可能会流出橙色的汁液。由于汁液中含有与漆树相同的漆酚，有些人接触后可能会诱发皮疹。

修剪前

花蕾和花

修剪后

胡椒木

芸香科 / 落叶灌木
修剪期：3 月
花期：4~5 月
结果期：成熟期为 9~10 月，但 7~8 月结出可食用的青色果实
病虫害：柑橘凤蝶、黑凤蝶
● 不耐干燥、移植。雌雄异株，仅雌株结果。会吸引柑橘凤蝶、黑凤蝶

修剪前

叶片和果实

修剪后
对长势旺盛的枝条进行短截，并剪掉立枝和缠枝。人接触植株上的刺会被刺痛，所以最好佩戴皮手套进行修剪。胡椒木可能会因夏季炎热而突然枯萎

在日本，胡椒木具有类似香草植物的应用价值。嫩芽既可以用作菜肴点缀或提鲜，也可以用来制作树芽味噌。实际上还可以用来制作日式佃煮和小鱼山椒，其树干和粗壮的枝条也可以做成研杵。

有时自然萌发的实生苗要比人工种植的树苗更能茁壮成长。这可能是因为实生苗在适宜的环境中才能发芽，发芽就表明植株生长在合适的地方。

比起阳光充足的地方，胡椒木更适宜在半阴或背阴处生长。

修剪方法

沿徒长枝、缠枝、倒枝等，从基部截断枝条。胡椒木有刺，人接触会被刺痛。所以建议佩戴皮手套，穿着长袖防护服作业。

病虫害

虽然容易滋生柑橘凤蝶、蓝凤蝶的幼虫，但因为幼虫每天都遭到鸟和马蜂等天敌的捕杀，所以只有极少数能长成成虫。另外，即使变成蛹，也会被凤蝶深沟姬蜂寄生而不能羽化（参见第 78 页图片）。

具柄冬青
（别名：长梗冬青）

冬青科 / 落叶乔木
修剪期：任何时候均可
花期：5~6 月
结果期：10~11 月
病虫害：介壳虫、叶斑病、黑点病
● 半阴。雌雄异株，只有雌株能结
果。叶片可用于制作染料

因为叶片的边缘起伏如同在随风摇曳，所以日文得名柔风冬青。作为常绿植物的具柄冬青给人一种柔和的印象，其红色的果实十分美丽。具柄冬青生长缓慢，种在东西方两种风格的庭院中都能展现出其韵味，因此很受欢迎。

然而，过于幼小的苗木难以健壮生长，所以种植的时候宜选择接近理想株高的苗木会比较稳妥。

雌雄异株，只在雌株上结果，如果想让植株结果，须种植雌雄 2 株。无须并排栽种，只要在同一个院子里就可以，所以不妨以雌株为主树进行栽种吧。向阳的环境下叶片容易烧伤，但背阴的地方结果不佳，所以具柄冬青宜栽种在半阴的地方。

叶片可作为天然的草木染料。

修剪方法

强剪后枝条很难恢复，所以只需观察整体树形，然后弱剪突出的部分即可。因为叶片不会长得过于茂密，所以如果树形上出现缺口，需要保留通常会被剪掉的倒枝等枝条。

① 花

② 果实

③ 黑点病
④ 修剪前。长得虽慢，但也要修剪好枝条茂密缠绕的地方，以便保持通风良好

紫薇

（别名：百日红）

千屈菜科 / 落叶乔木

修剪期：12 月 ~ 第 2 年 3 月
花期：7~10 月
结果期：11 月
病虫害：白粉病、介壳虫、蚜虫

花期很长，在夏季开花，有一株紫薇就能让人充分享受到赏花的乐趣。

修剪方法

每年把紫薇植株上的所有细小枝条剪掉，将植株修剪成秃柱状树形，渐渐地，切口处会形成隆起的肿块，叫作树瘤。每年进行修剪，植株内的抗菌物质会聚集起来，形成树瘤。按照这样的修剪方法，第 2 年长出的枝梢上会开出大簇的花朵。如果没有培育树瘤，仅通过短截的方法将紫薇修剪成自然的树形，则会开出很多小花。

病虫害

虽然很容易得白粉病，可若坚持不使用农药，会有柯氏素菌瓢虫来吃掉白粉病的病菌。

修剪前

将紫薇修剪成秃柱状

修剪后（自然树形）

花

柯氏素菌瓢虫幼虫（上）和成虫（下），两者都吃白粉病的病菌

山茱萸

（别名：山萸肉）

山茱萸科 / 落叶中木

修剪期：5~12 月
花期：3~4 月
结果期：10 月
病虫害：植株强健，少有舞毒蛾、梣黄卷蛾、蓑蛾、褐边绿刺蛾、白粉病

山茱萸抗病虫害能力强，花果长相可爱，所以常被孤植在庭院里。树皮质地十分粗糙。没有特别的生长习性，容易修成自然树形。

实际上，中医认为山茱萸有滋补、治疗腰痛、降热、止血、利尿、抗过敏等功效，但不建议生食。

修剪方法

如果放任不管，植株就会长得过于沉重，所以在修剪枝条的同时，最好果断地将过长的枝叶短截。落叶后修剪时要保留花芽，并将徒长枝和缠枝剪掉，让植株缩小一圈。

修剪前

短截长势旺盛的枝条，剪掉立枝和缠枝。短枝会长出花芽，所以哪怕是缠枝也要保留一部分。不过，剪掉分枝部分的细小枝条后，植株看起来会清爽许多

修剪后

花

果实
北红尾鸲、银喉长尾山雀、暗绿绣眼鸟等会吃果实，但其中要数栗耳短脚鹎的食量最大。这果实是有多么好吃？根据品尝过的朋友描述，其口感颇为苦涩

85

加拿大唐棣
（别名：六月莓）

蔷薇科 / 落叶小乔木或灌木
修剪期：6 月 ~ 第 2 年 3 月
花期：3~5 月
结果期：6 月
病虫害：切叶蜂、苹掌舟蛾、蚜虫

白花清雅可人，红果圆润可爱又美味，因而成为鸟类的最爱。虽然被鸟类吃掉果实难免让人感到可惜，但有鸟造访，也就不必担心虫害的问题了。

加拿大唐棣还有开粉花的品种。

在庭院中，从地面伸出几根树干的株立式树形备受人们的喜爱。除了树形外，加拿大唐棣的红叶也很美，氛围感很好，但因为植株容易横向伸展，所以不适合种在狭小的地方。

修剪方法

因为徒长枝会经常长出来，所以要根据树形修剪（参见第 79 页"夏椿"）。如果有多根树干从地面长出来，就要进行疏剪。

病虫害

该植株容易滋生苹掌舟蛾，也可能会有天牛幼虫的虫害。处理天牛幼虫的方法可以参见第 100 页的内容，其叶片有时会被切叶蜂切成半圆形。

修剪前

花

果实（供图/香川淳）

修剪后

疏花鹅耳枥
（别名：四手树、宽松花角树）

桦木科／落叶乔木
修剪期：11月~第2年1月
花期：3~4月
病虫害：蚜虫、黄首胡麻剑纹蛾

对于那些认为榉树树形太大的人，我会推荐疏花鹅耳枥，它的树形类似榉树，但又不会长得那么高大，且能让人感受到如身处丛林般的氛围。其品种"赤四手"长出的红叶具有观赏性，昌化鹅耳枥可以欣赏黄叶。

疏花鹅耳枥是犬四手和赤四手的总称，但这两者很难区分。赤四手的叶片相对小一些，叶柄和嫩枝略带红色等，细节上虽有很多不同之处，但尚未达到种在庭院里能一眼分辨出来的程度。所以最近一些园林工作者下单购买植株时，会直接将这两种植物统称为"疏花鹅耳枥"，这样无论是犬四手还是赤四手都便于向顾客解释。

如果有面积稍大的庭院，也推荐种植比疏花鹅耳枥更大一些的熊四手。分明隆起的叶脉和下垂的果穗自然天成、野味十足。

修剪方法

参见第79页"夏椿"。

修剪前

疏花鹅耳枥的花穗

熊四手的果穗

修剪后

野茉莉
（别名：菜苣木）

安息香科 / 落叶乔木
修剪期：9月～第2年2月
花期：5~6月
结果期：谢花后结果，10月落果
病虫害：基本上没有，偶有蚜虫

说到野茉莉，就不得不提它那垂首绽放的美丽白花了。因此，种植在庭院中的野茉莉常常成为院内的亮点。有枝条下垂明显的品种叫"垂枝野茉莉"，还有开粉红色花朵的红花野茉莉，看起来十分可爱。

但因为野茉莉的花萼和果实会大量掉落，如果枝条在大门前或停车场上方的位置，清扫会很困难，所以种植前要考虑好位置。

修剪方法
参见第 79 页"夏椿"。

病虫害
偶尔能看到球米草粉角蚜的虫瘿。这类蚜虫通过吸食植物的汁液，使植物的组织发生变化，形成它们的庇护所。蚜虫会待在这一串串像猫爪一样的庇护所里。所以当发现有这些东西后，应用剪刀剪掉这些受害部位并装入袋内，当作可燃垃圾处理。

修剪前
短截长得过长的枝条

野茉莉的花，引来许多昆虫取蜜

球米草粉角蚜。图为该虫制造的庇护所

紫荆

豆科 / 落叶中木
修剪期：11 月~ 第 2 年 3 月
花期：4 月
结果期：9 月
病虫害：植株强健，偶有黄刺蛾、白粉病

初春时节，深粉色的花朵像包裹着枝条般绽放。因为易生大量根蘖，所以这类植株多呈株立式树形。如果想让树形为单立式，须将多余的根蘖剪掉，如果空间充裕，也可以选择保留下伸展形状较好的枝条，然后将其他的枝条从基部剪掉，形成株立式的树形。

豆科植物结的果实与豌豆很相似。保留果实既不美观，又会导致树势衰弱，所以修剪的时候要把果实全部摘掉。如果想要增加栽种数量，可以将果实放入冰箱保存，待 3 月中旬左右播种种植。

修剪方法
参见第 79 页"夏椿"。

若从地面冒出几根枝条，需要进行疏剪。

修剪前
依次短截长得过长的几根枝条。枝梢看起来比较沉重，可保留其中 2 根细枝，其他的都剪掉

修剪后

① 花
② 果实像豌豆
③ 也有开白花的紫荆品种

大花四照花

（别名：美国山茱萸／
美国四照花）

山茱萸科／落叶乔木
修剪期：6~7 月、11 月~第 2 年 3 月
花期：4~5 月
结果期：10 月
病虫害：白粉病
●向阳、半阴

树形美丽，叶片营造出了柔和的氛围。该植物春季开花；秋季结果，叶片变红；冬季落叶。能欣赏到四季变换的植株美景，是非常受欢迎的庭院植物。虽然多见白花，但近年来红花大花四照花也变得常见了起来。有的地方会用其作为行道树。

开花方法

花芽长出来的时候，为了确保能开花，修剪时要保留花芽。

大花四照花施肥过多，会导致植株不开花。这可能是给予植株过多的营养导致的，给植株投入过多的成长能量，使其无法形成花芽。等树龄达到一定年限，生长进入稳定期，花才会开放。此外，该植物种植在阴凉处不易开花。

像行道树一样在树坑石里种植，也能开出花朵。

在我们打理的庭院里，也有许多种在树坑石里，并开出很多花朵的大花四照花（参见夏季修剪前后的图片）。初期植株不开花，因为当时考虑给二楼遮阴，所以一直通过修剪控制株高。

本以为种在树坑石里，植株就不会长得那么高，通过 10 年的管理，植株成功延伸到了二楼高度。与此同时，植株也开始开花，现在已经繁花满树。这让我明白了从栽种到开花可能要花很长时间。

修剪方法

参见第 79 页"夏椿"。

病虫害

虽然容易得白粉病，但如果不用农药，柯氏素菌瓢虫（参见第 84 页图片）也会来吃掉白粉病的病菌。

夏季修剪前

图为在垫台型的树坑石中种植的大花四照花。大花四照花可种在房子旁边，为了能在夏季遮阴乘凉，需要尽量保留叶片，剪掉缠枝、倒枝，让树形变得更清爽

夏季修剪后

秋季修剪后

秋季修剪前

落叶在即的大花四照花。大花四照花进入休眠期后，就可以对其进行大胆的修剪。修剪后，大花四照花的枝条清爽了许多，甚至能透过枝条看见屋内晾晒的衣服

① 花纯白美丽 ✂② 果实 ✂③ 花芽。红叶时期会长出花芽，注意不要剪掉 ✂④ 易患白粉病是一个问题 ✂⑤ 通过显微镜放大观察白粉病，发现白粉病的形态看起来很美丽（供图／伊泽正名）✂⑥ 红花大花四照花

四照花

山茱萸科 / 常绿中木
修剪期：11 月～第 2 年 3 月
花期：5~6 月
结果期：9~10 月
病虫害：白粉病

四照花作为庭院的主要植物很受欢迎。有开很多小花的"银河"、开浅红色花朵的"红花四照花"、冬季也不落叶的"常绿四照花"等品种。咬一口四照花红彤彤的熟果，能品尝到热带水果的味道。

修剪方法

参见第 79 页"夏椿"。

常绿四照花的花量较多

常绿四照花的花

花（白花）
看起来像白色花瓣的叶片叫"苞片"

修剪前

因为经常会长出徒长枝，所以要反复修剪。每年修剪同一个位置，会使该处的树皮变得粗糙坚硬，所以最好轮换修剪位置

修剪后

果实好吃，小鸟很喜欢

木芙蓉
木槿
（别名：木莲）

木芙蓉：锦葵科 / 落叶灌木
木槿：锦葵科 / 落叶中木
修剪期：11 月～第 2 年 3 月
花期：8~10 月
病虫害：木芙蓉易得白粉病，木槿
易受蚜虫危害，两者均易受犁纹黄
夜蛾、坎桥夜蛾危害
● 均为一日花，喜光照

我小学班级的花坛里曾种有木芙蓉和木槿，所以看到这两种植物就会让我感到很怀念。木芙蓉横向生长，枝叶茂盛；木槿纵向生长，枝叶茂盛。从树干来看，木槿的树干是灰色的，木芙蓉的树干为绿色。另外，木槿的花色品种会更丰富。木芙蓉有早上为白色、下午为桃色、傍晚为红色的花色品种，叫醉芙蓉。

修剪方法

在木芙蓉的落叶期从基部将粗枝大叶剪掉，使枝叶能更新生长。木槿则保留 3~5 根直立的细枝，并剪掉小枝，再将剩下的枝条果断剪掉。

修剪前的木槿

木槿花，有多种花色

修剪后的木槿

木芙蓉花

①

②

① 坎桥夜蛾幼虫
② 犁纹黄夜蛾幼虫

木兰
（别名：紫木莲）

日本辛夷

木兰科 / 落叶乔木

修剪期：11 月 ~ 第 2 年 2 月

花期：紫玉兰 4~5 月、日本辛夷 3 月

病虫害：基本上没有，偶有介壳虫、玉兰大刺叶蜂

木兰开紫色花。开白色花的叫白玉兰，园艺工作者为了区分这两种植物，会特意把木兰叫作紫玉兰（紫木莲）。

最近，也有很多以"Magnolia（木兰）"命名的海外园艺品种。

紫玉兰系列的植株大部分长到 3~4 米高，管理方便，所以适合种植在住宅区的庭院等处。

在日本，能开出纯白色花朵的白玉兰很受欢迎。如果放任不管，植株就会长成很大的乔木；但修剪得太矮，花朵的长势又会变差。所以，要想发挥白玉兰的优势，宜种植在上方没有电线、空间开阔的地方。

① 白玉兰的姿态

② 紫玉兰的姿态

③ 紫玉兰的花朵，外侧是紫色的，内侧是白色的

④ 紫玉兰的变种

⑤ 广受欢迎的木兰属紫玉兰，外侧的紫色较深，内侧也不太白

修剪前
的木兰

修剪方法

　　木兰的枝条直立，修剪起来有
些困难。需要尽量剪掉笔直突出的
徒长枝，根据整体枝条的生长布局
进行修剪。日本辛夷的修剪也参见
玉兰的修剪方式。

修剪后
的木兰

95

⑥ ⑦

⑧

病虫害

最近，我们经常能看到开花前的白玉兰花蕾变成脏兮兮的褐色模样。这就表明有栗耳短脚鹎啄食花蕾。我们收到过许多目击者信息，也曾亲眼看到过这种情况。

木兰上偶有日本纽绵蚧等介壳虫类的虫害。

⑥ 紫玉兰上的日本纽绵蚧，用手拿掉即可
⑦ 停留在木兰上伺机啄食的栗耳短脚鹎
⑧ 花期出现褐色的花蕾表明遭到栗耳短脚鹎的啄食

⑨

⑩

修剪前的日本辛夷

⑪

⑨ 木兰的果实
⑩ 日本辛夷的果实
⑪ 星花木兰的花

修剪后的日本辛夷

西南卫矛

卫矛科 / 落叶中木
修剪期：11 月～第 2 年 2 月
花期：5~6 月
结果期：10~12 月
病虫害：**大叶黄杨长毛斑蛾、二色普缘蝽**

我在 20 年前搬家的时候，新家的庭院里就已经有一株长大了的西南卫矛。或许是因为种在光照不足的地方，所以植株上滋生了大量的大叶黄杨长毛斑蛾幼虫和二色普缘蝽，但这株西南卫矛似乎毫不受影响，每年都会开出素朴的小花，结出耀眼可爱的果实。

鸟类十分喜食西南卫矛的果实，仔细观察就会发现暗绿绣眼鸟、小星头啄木鸟、日本山雀、杂色山雀、日本树莺等都会来啄食果实。暗绿绣眼鸟和小星头啄木鸟似乎特别喜食其果实，当然也少不了栗耳短脚鹎。西南卫矛也因此成了鸟类的栖息地，即使植株上发生了大叶黄杨长毛斑蛾幼虫和二色普缘蝽的虫害。一段时间后，这些虫害问题自然会得到控制。而且在家时，西南卫矛还能成为我们的观鸟场。

修剪方法

参见第 79 页"夏椿"。

我家的西南卫矛

① 二色普缘蝽，正在吸食西南卫矛果实的汁液
② 正在蜕皮的二色普缘蝽
③ 大叶黄杨长毛斑蛾成虫（幼虫图参见第 61 页）

日本女贞

木樨科 / 常绿乔木
修剪期：6~7月、11~12月
花期：6月
结果期：11月
病虫害：植株强健，偶有介壳虫、条首夜蛾、小褐伪瓢叶蚤、白粉病
● 常为实生植株

因为其果实像鼠粪，所以在日本又叫"鼠饼"。平常在庭院里并没有特意种植该植物，但不知什么时候，它就会茁壮生长，仿佛原来就种植于此。这很可能是由鸟粪中含有的种子发芽长大而成的。如果是这样，鸟类应该喜食日本女贞的果实。如果放任其生长，植株就会变成高大的乔木，如果不想让其在庭院里自然生长，就需要将植株连根拔除。因为即使从基部剪掉植株，其枝条还是会长势旺盛，所以一旦发现这类情况就要将其马上连根拔除。

修剪方法

因为日本女贞容易发芽，所以要果断进行强剪。应尽早确定主干的目标高度，然后把超出高度的主干部分剪掉。果断地修剪长势旺盛的徒长枝，留下细软的小枝，能让植株看起来更柔和。

修剪前
虽然基本都是进行短截，但在这张图中，由于该植株生长得过于茂盛，所以需要先修剪整理树形后再进行剪枝

修剪后

红枫
（枫树）

槭树科 / 落叶乔木
修剪期：6~7月（弱剪）、11月中旬~
12月、第2年2月
花期：4月
结果期：10月
病虫害：黄刺蛾、蚜虫、介壳虫、天
牛幼虫、绿尾大蚕蛾、舟蛾、白粉病
● 啡环蛱蝶幼虫喜食。红枫果实长得
像螺旋桨

红枫和枫树有什么区别？红叶很美的鸡爪槭、山枫、大红叶等被称为红枫，其他的叫作枫树。但实际上就像"蝴蝶和蛾子"，我们很难辨别两者的区别，作为庭院植物也基本上不会对这两者进行区别处理。

修剪方法

种植红枫、枫树能让人观赏其风姿，所以尽量采用去枝的方式自然修剪树形。如果在相同的地方进行修剪，枝条就会散开生长，就像是朵朵云层般（参见第143页），那样就会失去红枫特有的美感，所以为了塑造整体树形要进行短截。

人们常说红枫和枫树不喜刀具砍伐，所以要尽量用手折取枝条，但其实这类植株并没有那么不抗刀剪。一般用锯子或剪刀修剪是没问题的。

修剪方法参见第79页"夏椿"。

病虫害

在通风不好、植株丛生的庭院里容易患白粉病。但是，如果不使用农药，柯氏素菌瓢虫（参见第84页图片）就会来吃白粉病的病菌。

该植物还会时常发生黄刺蛾的虫害。不过在我家曾有一种寄生在黄刺蛾上的上海青蜂到访，这种寄生蜂外形美丽，如飞天的琉璃宝石般夺目不已。

蚕食树叶的绿尾大蚕蛾容易在自然的地方滋生，所以在城市里很少发生这类虫害。

由于天牛幼虫为害问题也很多，所以要经常观察植株上有没有木屑（蛀屑）（图③）。一旦发现，要用针（图④）扎洞，把味噌酱塞进洞里。天牛幼虫一般不侵扰健康的植株，容易寄生长势衰弱的植株。

修剪后

修剪前

对长势旺盛的枝条进行短截，剪掉立枝和缠枝。修剪分枝处的细枝，让枝条保持干净利落的形态。夏季修剪时，如果修剪过度，会使阳光直射树干，造成树干皲裂并腐烂，这点要特别注意

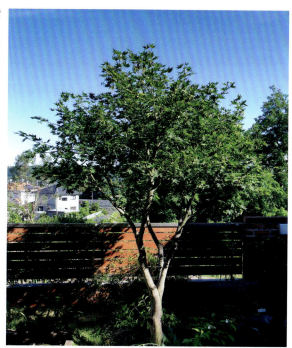

① 羽扇槭的花 　🌿② 红枫的种子 　🌿③ 木屑（蛀屑）🌿④ 遭受天牛幼虫的蚕食，需要用针刺进洞穴深处，并塞入味噌酱 　🌿⑤ 在红枫上筑巢的马蜂，猎食毛毛虫 🌿⑥ 黑剜天社蛾幼虫 　🌿⑦ 沙舟蛾幼虫 🌿⑧ 黄刺蛾的茧，每一个都不一样 🌿⑨ 上海青蜂 🌿⑩ 绿尾大蚕蛾幼虫

月桂
（别名：桂冠树／银桂）

樟科／常绿中木
修剪期：6月下旬~12月
花期：4月
结果期：10月
病虫害：介壳虫、蚜虫、叶斑病
●向阳

叶香，所以常用作菜肴香料。市售的月桂叶一般都经过干燥处理，但食用新鲜叶片也很清香。

修剪方法

因为长得快，所以每年需要修剪2次左右。

因为从枝条中部修剪会使其显得很粗壮，所以修剪徒长枝的时候要尽可能地沿着枝条基部修剪，可让枝条看起来更柔美。

因放任不管而长得过大的植株，需要果断地将主干截到比预期的高度还低的位置，为避免截后的树干看起来光秃秃的，最好利用周围的枝叶进行遮挡。也就是说，为了使周围的枝叶达到理想的高度，需要将树干截到比理想枝叶的高度更低处。不过这样的强剪须避开2、8月等气候比较严酷的时候。

病虫害

如果种植在阴凉处，很容易遭到介壳虫、蚜虫等虫类的食害。介壳虫和蚜虫分泌的蜜露上附带霉菌，使叶片就像被烟灰覆盖一样。这种病叫叶斑病，一旦扩散，就不能进行光合作用，导致树势衰弱，更容易遭受其他病虫害。

①

②

④

⑤

① 扁平呈三角形的褐软蚧，体表覆盖白色蜡质分泌物，似被白粉的叫粉蚧 ②蚜虫 ③叶斑病 ④红点唇瓢虫的蛹 ⑤红点唇瓢虫成虫

修剪后

因为长出了多根徒长枝，所以需要从枝条基部进行修剪

修剪前

月桂的花

月桂的花蕾

枇杷

蔷薇科 / 常绿乔木
修剪期：2 月和 8 月以外的任何时期均可（摘果期参见正文内容）
花期：11~12 月
结果期：第 2 年 6~7 月
病虫害：茶毒蛾、蚜虫、镶夜蛾、苹掌舟蛾、青铜金龟

因为枇杷植株会长得很高大，所以不适合种在狭小的地方。另外，其叶片又厚又大，如果种在房屋的南侧，采光会比较差。

虽有"种枇杷，出病人"之类的说法，但可能是由"枇杷黄，医者忙；橘子黄，医者藏"这句谚语造成的误解。这句谚语的本意是枇杷果实变色的 6 月，正值梅雨季节，天气潮湿且温差较大，所以会有很多人生病，导致医生很忙。立花橘（一种柑橘，酸味很重不适合生食）变色的 10 月，气候宜人，疾病少，医生比较清闲。

其实枇杷不但不会让人生病，还是受欢迎的民间偏方。据说，用枇杷的旧叶烧酒或用来腌制白葡萄酒，制成的药酒对虫子叮咬或发炎具有疗效。因此，近年来，即便枇杷植株不结果也想要枇杷叶的客户变得越来越多。

修剪方法

为了不让植株遮挡太多的阳光，需要对枇杷植株进行强剪。在修剪上部枝条的同时，保留主要的侧枝（从主枝的一侧长出来的枝条），以修整树形（留下的枝条的数量视具体情况确定）。根据整体树形的平衡，将植株修剪到能看清天空的程度。

为了收获果实，应在花芽开始生长的时期进行修剪，使花芽能确实保留下来。如果所有枝梢都长出花芽，则把花芽数量控制在一半左右。

植株没有进入稳定生长的阶段，会很难结出硕果。苗木或通过强剪控制植株大小的情况下，植株会将能量优先用于生长，而不是结果。

在不考虑收获果实的情况下，酷暑期和严寒期之外的任何时期都可进行修剪。

修剪前

① 枇杷在晚秋到冬季开花
② 镶夜蛾幼虫，据说它们会吃枥木和小米空木等，没想到能亲眼见到它们在吃枇杷叶
③ 偶有茶毒蛾的虫害问题

修剪后

104

鸟巢

下图是位于住宅区的一户人家家中庭院植株上的鸟巢。

植株上有两个鸽子的巢穴、一个暗绿绣眼鸟的巢穴和一个栗耳短脚鹎的巢穴。

在 10 坪（10 坪≈33.057 米²）左右的小院子里，竟然有这么多的鸟巢。

虽然图中的都是些被鸟弃用的鸟巢，但除此之外，在正门旁边的小叶青冈上，还能看到正在孵蛋的栗耳短脚鹎。

鸟类普遍偏好没有农药的庭院。环境学家蕾切尔·卡逊曾说过，如果鸟类捕食 11 只在撒满农药的环境中生活的蚯蚓，就会导致死亡。

事实上，有许多客户向我反馈，自从我们开始对庭院进行无农药管理后，鸟就多了起来。

鸟类在生态系统中居于前列，不仅以植物的果实为食，在果实稀少的春夏季节，它们还会捕食毛毛虫等各种昆虫维持生存。

此外，在做庭院工作时，我也看到过暗绿绣眼鸟捕食蚜虫的情景。日本山雀喂雏鸟的时候，会叼来几条毛毛虫。

也就是说，在有鸟类栖息的庭院里，即使不使用农药，也几乎不会发生严重的虫害问题。

最重要的是，早晨在鸟鸣声中醒来会感觉十分惬意。

位于住宅区里的一户人家的庭院植物上的鸟巢。左起按顺时针的方向依次为鸽子、暗绿绣眼鸟、鸽子、栗耳短脚鹎的鸟巢

直角

修剪

1. 修剪基本从上部开始。先确定株高，通过短截留下顶部中心的枝条，然后依次向下修剪。修剪的时候要注意观察树形和枝条分布。

2. 剪掉图中所有标红的枝条。根据枝条长势进行短截、短剪或去枝处理。

3. 徒长枝基本是通过去枝的方法从基部开始修剪，修剪树形时，还要注意观察枝条的分布。

4. 根据枝条的整体分布情况，有时也可保留缠枝。从较大的枝条开始修剪，能看出大致的树形后再整理细小的枝条。

枝条呈直角而并非为柔和的弧形时，修剪起来会有些困难。如果只进行短截，有时会导致枝梢长不出花芽。所以利用枝条呈直角的特点，根据枝条分布修剪树形即可。

修剪前

如梅花等植株的枝条接近呈直角伸展，一旦剪断这类枝条，就会失去大部分的枝条，或者失去植株的独特之处。所以为了保持这类植株的特色，需要在修剪时根据枝条的分布保留呈直角伸展的枝条。6月以后，春季到初夏生长的枝条进入稳定期，避免对其进行强剪。在落叶期修剪时要保留花芽。

修剪后

插图中省略了对枝梢的描绘，但在修剪时要尽量保留柔软的细枝，这样能让树形更稳定。

有的花芽也会在开花植物、结果植物的细枝或短枝上生长，所以注意不要过度修剪。

梅花

蔷薇科 / 落叶乔木
修剪期：12 月～第 2 年 1 月、6 月
花期：2~3 月
结果期：6 月
病虫害：介壳虫、蚜虫、旋古毒蛾、
黄毒蛾、盗毒蛾、蓑蛾、缩叶病

为了能让植株更好地结果，如果是需要授粉的类型，建议种植花朵同期开放的南高梅和白加贺。因为这两种植株的果实会比较大。

如果是丰后梅（大果）、小粒南高（中果）等，即使是单株也能结果（自家授粉），哪怕是空间有限的庭院也能享受收获果实的乐趣。

修剪方法

很多书上建议梅花植株宜在 1 月左右修剪，但种在庭院里，5~6 月才是梅花植株长势旺盛的时候。

如果介意，可以在收获梅子的同时，将粗壮而醒目的徒长枝剪掉，从而调整树形。修剪较粗的徒长枝，然后将其他细枝剪掉20~30 厘米。

如果要将整株植株的体积减少到 1/2~2/3，那么就在 12 月～第 2 年的 1 月进行强剪。由于花芽在此时已经形成，所以修剪时可以确认花芽，并将其保留下来。

短截细枝时，枝条留得长一些会开很多花，留得短一些会让果实长得更饱满。收获时要通过修剪来采收果实。

如果果实结得太多，会因为重量压伤枝条或导致每颗果实变小，因此要进行疏果，精简果实，使每根枝条上留下 1~2 个果实。

如果只进行短截，梅花植株的枝梢有时会长不出花芽。

正如同琳派（狩野派）的梅花画作般，灵活利用左右弯曲的枝条和接近直角的枝条的线条可打造出如画般的美丽的树形。

善用直角枝条的形状，根据枝条分布修剪树形，从中短截枝条，可展现出梅花植株的风韵，因此建议大家积极尝试这种修剪方法。

修剪后

修剪前

因为徒长枝长势旺盛，所以要从枝条基部修剪。若枝条交错，要短截徒长枝，并整理交错的枝条。其他梅花植株中的缠枝，可根据枝条的分布保留部分枝条，从而展现出梅花植株的独特风韵

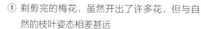

① 剃剪完的梅花，虽然开出了许多花，但与自然的枝叶姿态相差甚远

② 白梅花

③ 红梅花

④ 丰后梅，单株也能结出果实，推荐想要收获果实的园艺爱好者种植该种梅花

病虫害

近几年，球坚蚧的虫害问题比较多，如果不使用农药，黑缘红瓢虫和红点唇瓢虫就会把它们捕食殆尽。

这些瓢虫的幼虫和成虫都以介壳虫为食。若发现球坚蚧，可以试着用手碾碎它。虽然它们吸食汁液，但体内多为中空状态。

不过，由于这类瓢虫的幼虫和蛹的外形十分奇怪，有些人会将其误认为是"害虫"，然后将蛹扒掉。所以大家一定要记住这类瓢虫的幼虫、蛹、成虫的形态。

新叶呈现水泡状收缩的病症叫缩叶病，近年来，这种病害在梅花植株上时有发生。一旦患缩叶病，植株每年都会发病，但又不会枯萎。据说该病害是通过蚜虫传播的。若能在春季，细菌开始活动（参见第175页）的时期撒上堆肥茶和问荆茶，危害程度就会减轻。

⑤

⑧

⑩

⑥

⑨

⑤ 缩叶病，多发生在嫩叶上。因为是通过细菌传染的，所以很难根治，但是喷洒堆肥茶和问荆茶会有一定的抑制作用

⑥ 球坚蚧

⑦

⑦ 梅花树上的蚜虫虫害

⑧ 旋古毒蛾幼虫。背上有白色绒毛是该虫的特征。触碰后会引起皮肤瘙痒

⑨ 黄毒蛾幼虫

⑩ 盗毒蛾幼虫

梅花树上也会有黄毒蛾、盗毒蛾的虫害。如果背部前半部分有橙线呈 Y 字形的，就是盗毒蛾。触碰这类毒蛾会引起皮肤瘙痒，所以要小心

⑪ 黑缘红瓢虫破蛹后留下的壳

⑫ 黑缘红瓢虫幼虫，喜欢吃球坚蚧

⑬ 黑缘红瓢虫的蛹

⑭ 黑缘红瓢虫成虫，像红宝石一样美丽

⑮ 红点唇瓢虫，喜欢吃介壳虫

⑯ 异色瓢虫的蛹

⑰ 异色瓢虫成虫，纹路多样

栏 目 **植株腐烂的意义**

对于"腐烂"这个词，很多人会感到很负面。更何况是指植株要烂了，要枯了！这样想也无可厚非。

但若是健康的植株，就能建立防御层，防止木腐菌在内部传播，所以不会轻易枯萎。

而有些植株，即使出现相当大的树洞也无妨。

不过，腐烂并不见得是坏事，有很多生物其实依赖于植株腐烂的部分。

食蜗步行虫和胡蜂类昆虫及其他生物就会利用树洞越冬。

若是大树洞，猫头鹰就把它当作巢穴来养育幼雏，其他的如日本山雀之类的鸟类也是如此。

因人类对自然的开发导致森林的减少，在这种情况下，人为搭建的巢穴代替了木质的树洞，应该多少能帮助鸟类的繁衍。

就像植株"腐烂"具有两面性一样，也希望社会能够对"腐烂"的事物多一些宽容。

垂丝海棠
（别名：海棠）

蔷薇科 / 落叶中木
修剪期：1~2 月
花期：4 月
病虫害：蚜虫、梣黄卷蛾、赤星病

修剪方法

修剪方法参考"梅花"（参见第 108 页）。

病虫害

种植垂丝海棠最让人担心的是赤星病的病害问题。患赤星病的植株叶片正面出现黄色的不规则圆状，而叶片背面是红色的，上面有像海葵的触手状印记。赤星病是由龙柏等刺柏属植物处飞来的柄锈菌孢子引起的，因此，如果附近有龙柏等植物，应尽量避免栽种垂丝海棠、木瓜、贴梗海棠等植物。

如果要种植这些易患赤星病的植株，就要养成观察叶片的习惯，在植株发病初期取下患赤星病的叶片，且不能把那些取下的病叶作为落叶堆肥用。注意不要让孢子飞散开来，将落叶燃烧处理，若在禁止焚烧的环境下，也可以放入塑料袋中密封，当可燃垃圾处理。

修剪前

①

②

修剪后

① 花
② 患赤星病的叶片背面，菌丝如海葵的触角般伸展，以刺柏属植物为中间宿主

贴梗海棠

蔷薇科 / 落叶灌木
修剪期：5~6 月、11~12 月
花期：2~4 月
结果期：7~8 月
病虫害：蚜虫、赤星病

贴梗海棠有红色、粉红色、白色、白色与红色混合的花。据说将果实做成果酒，还有缓解疲劳的功效。

修剪方法

放任不管会让枝条杂乱生长，所以要在秋季进行强剪的同时确认和保留花芽，修剪方法参见第 108 页"梅花"。

病虫害

因为容易患赤星病，所以不要在附近种有龙柏、铺地柏等刺柏类植株的地方种植贴梗海棠（参见第 112 页）。

① ~ ③将粗壮伸展的枝条从细枝的分叉处截断

修剪前

因为枝条几乎缠绕在一起，需要一边观察整体枝条分布，一边思考要修剪哪根枝条，调整枝条的数量

修剪后

柿

柿科 / 落叶乔木

修剪期：6 月下旬~7 月上旬、12 月~
第 2 年 2 月

花期：4~6 月

结果期：10~11 月

病虫害：黄刺蛾、柿举肢蛾、柿细
蛾、潜蝇、白粉病、圆斑病

柿树是日本庭院中最受欢迎的果树之一。然而近年来，随着地方人口日益稀少，采摘柿的人也越来越少，因此柿就成了猴子、浣熊和果子狸的食物。我曾在山区的半夜看到有貂爬上柿树吃果实。所以柿树的果实要及时采摘，这也有助于减少有害野生动物的出没。

修剪方法

柿树的强剪期在落叶期的 12 月 ~ 第 2 年 2 月，但若是发现春季枝叶生长过密、通风不良时，可以在 6~7 月进行修剪、疏果。除去受损的果实、被虫子食害的果实、朝上生长的果实等的同时，修剪植株上的缠枝等。

无论在哪个时期，徒长枝都是立枝，因此要从枝条基部开始修剪，短截余下的枝条，以调整树形，修剪过程中尽量保留短枝。

而结了果的枝条，第 2 年不再结果，所以在采收的时候，枝条要连同果实一起剪掉。

直接攀爬植株时，要小心纤细的枝条，即使脚快要踩上枝条，细枝也很容易从基部折断。

有些植株无论怎么修剪都结不了很多果实。虽然有表年、里年（表年是指收获量高的年份，里年是指收获量非常少的年份）之分，结出硕果的第 2 年植株会进入休养期而结果困难，但还是有每年都结果的植株。因为这一点超出了人类的智慧，所以能否结果就得问问柿树了。

经常听人说虽然结出了果实，但是还未成熟就掉落。这一问题并不能全怪害虫，因为果实长得太多会增加植株的负担，所以有些植株会自行让果实掉落（生理落果）。

修剪后

开始结果

累累硕果
（提供／岩谷美苗）

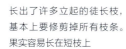
修剪前

长出了许多立起的徒长枝，
基本上要修剪掉所有枝条。
果实容易长在短枝上

病虫害

柿举肢蛾（别名：柿蒂虫、柿实蛾）在幼虫 3 龄之前都以柿树的芽为食。幼虫 3 龄阶段之后会侵入果实，严重的情况下会导致果实掉落。

体长 10 毫米左右的深褐色或带深红色的毛虫——柿细蛾的幼虫会钻进叶片，对其进行蚕食。

此外，柿树还易患由丝状真菌引起的圆斑病。但是，植株也不会因此而结不了果或枯萎。或许只有在我们人类看来，这样的叶片反而更富有艺术之美。

①

③

②

④

① 丽绿刺蛾幼虫。身上长着像橙色发夹一样的突起
② 长得像外星生物的纤刺蛾幼虫。刺蛾类昆虫只要一触碰就会有刺痛感，甚至还会长出水疱，所以要小心。这种害虫会蚕食许多植物
③ 被潜蝇幼虫蚕食的叶片。别名"画虫"
④ 患圆斑病的柿树病叶

垂枝

调整树形、修剪垂枝时要注意保留其外芽。

垂枝的外芽是指覆盖在垂枝上生长的芽。人们往往认为如果不剪掉外芽会让枝条变得过于茂密，但留下外芽可打造出自然、柔和的树形。

在保留外芽的同时，还需要对植株进行强剪。

垂枝上的外芽又叫上芽。

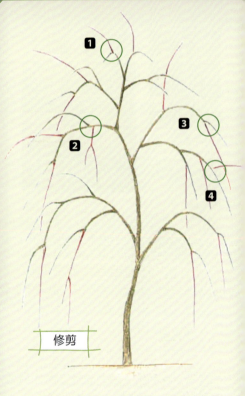

修剪

1 修剪基本从上部开始。留下枝条垂落的软枝，剪掉向上伸展或缠绕的枝条，确定株高，然后依次向下修剪。

2 对较大的枝条进行短截，待能看出大概的树形后，剪掉缠枝。

3 保留有外芽的柔软垂枝，剪去植株内侧的垂枝。这也是对垂枝的一种短截方式。剪掉上图所有红色标记的枝条。

4 即使是外芽，也要剪掉横向伸展幅度过大的枝条。

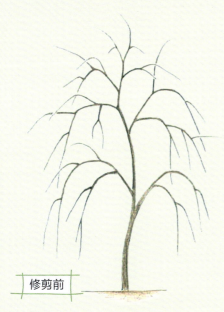

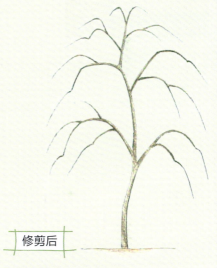

修剪前

落叶植物在落叶期进行主要的修剪或强剪。

开花植物、结果植物在这个时期会长出较多的花芽，所以应留下带有花芽的枝条。

避免在6月之后对从春季到初夏生长的稳定枝条进行强剪。

如果并不特别追求开花结果，也可以在落叶前进行强剪，减少落叶量。

修剪后

插图中省略了对枝梢的描绘，但修剪时要尽量保留柔软的细枝，以便保持树形。

有些开花植物、结果植物也会在细枝或短枝上长花芽，所以不要剪掉太多细枝或短枝。

垂枝红枫

无患子科 / 落叶中木
修剪期：6 月~7 月上旬、11~12 月
病虫害：天牛幼虫
● 叶片比花朵更具观赏性

垂枝红枫分红垂枝和青垂枝，新芽为绿色的叫青垂枝，红色的叫红垂枝。两者叶片都有很深的裂边，枝条垂下。

红垂枝在立春过后枝梢的颜色开始泛红。新叶的红色给人留下深刻印象，盛夏来临后变成暗淡的绿色，到了秋季则再次变红。院子里若有一株红叶植株，能巧妙地营造出院子的纵深感。

青垂枝的叶片大致会变成黄叶、橙叶，但不会变成红叶。

柔软的垂枝随风飘逸，纤细的垂枝红枫常被种植在日式庭院中，在欧美的庭院中也很受欢迎。

若遇夏季高温和干旱天气，叶片可能会变成褐色并收缩卷曲起来，所以要注意浇水。

修剪方法

保留外芽（上芽），将植株修小一圈后，待叶片长齐的时候可一举长成理想的树形，还能维持好大小。

在冬季，如果有较粗的枝条重叠在一起，有时也要果断地修剪掉较粗的枝条。

修剪期为新芽长齐并稳定下来的 6~7 月和 11~12 月的落叶时期。

如果在夏季进行强剪，会使阳光直射树干，可能会导致树干开裂腐烂，所以夏季最好避免强剪。

修剪后

修剪前

细小的枝条茂密生长，修剪后植株
变得清爽许多。长势旺盛的枝条需
要在进行短截时保留外芽

栏 目　**光与植物**

　　光合作用是指植物细胞内的叶绿体在光照条件下，利用空气中的二氧化碳
和根部吸取的水产生糖（植物的营养物质）的过程。

　　光合作用时，植物会将氧气释放到空气中。

　　但光合作用时，光照并非越强越好，因为不同植物的光照要求不尽相同。

　　蜘蛛抱蛋、万年青等喜背阴环境的草本植
物，若处在阳光直射的地方，叶片会被烧黄。

　　另外，在一株植株中，光合作用的能力也
会因叶片生长的位置而不同。

　　在漫长的进化史中，人类和植物各自建立
了氧气和二氧化碳的互动关系。

　　因此，或许可以说我们的肺是叶片的一部
分，反之，植物的叶片也是我们肺的一部分。

杂枝

枝条向四面八方杂乱生长的植株修剪起来难度较大。这种类型的植株要根据枝条的分布进行修剪。有时需要先根据枝条分布再决定是否要修剪掉倒枝等杂乱的枝条。

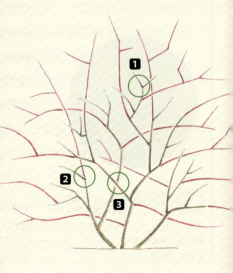

修剪

1 修剪基本从上部开始。先确定株高，短截并保留树冠中心部分的枝条，然后依次向下修剪。修剪的同时还要注意树形和枝条的分布。

2 剪掉上图所有红色标识的枝条。将缠绕得比较厉害的枝条剪掉。通过短截或去枝的方法修剪，注意不要让树形出现缺口。

3 即使是缠绕得比较厉害的枝条，如有必要也要留下来。

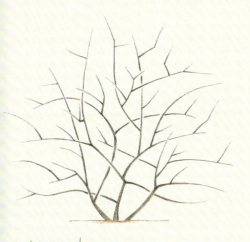

修剪前

缠枝较多时，为避免在植株上留缺口
要小心修剪，或者可以从基部修剪枝
条。若剪掉所有的缠枝，树形看起来
会光秃秃的，所以修剪时可以适当保
留必要的缠枝。

枝条随机分布生长也能造就树形的独
特之处。

修剪后

插图中省略了枝梢的描绘，但修剪时
要尽量保留柔软的细枝，以便保持
树形。

开花植物、结果植物也有在细枝或短
枝上长花芽的情况，所以不要过度
修剪。

光蜡树
（别名：光叶白蜡）

木樨科 / 常绿乔木
修剪期：3~12 月（除去酷暑期）
花期：5~7 月
结果期：8~9 月
病虫害：基本上没有，偶有条首夜蛾、桃天蛾、小褐伪瓢叶蚤

光蜡树因常绿及柔和的氛围而深受人们喜爱，很多人会将植株养成株立式树形。但该植株长得很快，如果放任不管，就会长到 15 米左右，很多人刚开始种的时候觉得合适，但后期常常会因为植株长得太大而后悔不已，所以种植后不要疏于修剪。光蜡树若是长得过大，甚至需要借助专业人士的帮助。

如果种在地上，光蜡树会很快长成高大植株，但也可以栽植在花盆里作为观叶植物欣赏。

光蜡树原本是生长在冲绳地区的植物（因此又名"岛梣"），在严寒的地方很难生长。很多人常误认为光蜡树是制作棒球棒的木材。但在日本，制作棒球棒和稻架的木材为日本当地的白蜡树，并非光蜡树。

修剪方法

避免在隆冬和酷暑时期修剪，宜在 3~12 月修剪。10~12 月不要进行强剪。

因为岛梣是一种枝条容易长得十分杂乱的植株，所以修剪时要观察好整体的平衡，并调整好枝条的分布，修剪掉重叠交错的枝条。

枝梢上会盛放白色的小花，但因为每年需要经常强剪，所以很少能见到开花。基本上是一种用来观赏常绿叶的植株，但如果想赏花，就要避免在开花的初夏前修剪植株，需要等开花后再修剪。而且，幼树也不容易开花。

病虫害

基本上没有病虫害，但偶尔会有桃天蛾、条首夜蛾的幼虫。因为光蜡树属木樨科，所以也会滋生在木樨科植物上蚕食的小褐伪瓢叶蚤幼虫和成虫。

修剪后

修剪前

短截长势旺盛的枝条，去掉交错重叠的枝条。不过，由于图中所示位置有窗户，为了遮住这扇窗户，也要注意不要修剪太多枝条

① 光蜡树的花（供图／岩谷美苗）

② 条首夜蛾幼虫。会蚕食木樨科的日本女贞、齿叶木樨，但最近很少有人会在庭院里种这两种植株，所以这类虫害多发生在人气较高的光蜡树上

③ 小褐伪瓢叶蚤成虫。该虫竟然也会出现在光蜡树上

④～⑥ 桃天蛾的卵、幼虫、成虫

125

橄榄

橄榄科 / 常绿乔木
修剪期：4 月
花期：5 月下旬 ~6 月
结果期：晚秋采收
病虫害：多孔横沟象、炭疽病
● 不耐寒

据说在南欧，有的古橄榄的树龄超过 1000 年。因为木质坚硬，所以常被用来制作成餐具、砧板。在日本，因为其柔和的树形与现代建筑十分搭配，因此备受欢迎。近年来，橄榄常被种植在庭院中。小小的奶油色花朵虽然并不显眼，但十分可爱。

橄榄喜排水良好的土壤，但如果忘记浇水，也会枯萎。另外，橄榄植株不耐寒。

几乎所有的园艺书籍都建议"橄榄植株在 2 月左右休眠时可以进行强剪"，但问题在于橄榄植株不耐寒，在这一寒冷时期进行修剪真的合适吗？据一位从事有机橄榄油生产和销售的朋友介绍，近年来，意大利都是在 4 月左右修剪橄榄植株。冬季强剪后，有时气候会突然变暖，橄榄植株误认为春季到来，并长出新芽。而若在强剪导致叶片变少的时候，如果天气转冷，新芽就会因寒冷而受损。因为全球气候变化日益显著，所以我认为日本也应该在 4 月左右修剪橄榄植株。

修剪方法

由于枝条会变粗，所以修剪时要注意让枝叶密度均匀。该植株长得快，如果不果断修剪掉徒长枝等，橄榄就会长成高大植株。

果实采收

据说扦插繁殖的橄榄植株需要 5 年以上才能结果，而实生苗要等 15 年以上的时间。当年长出的新梢会开花，要想结果就要尽量保留新梢。另外，在肥料不足、开花期雨水多的情况下，植株会很难结果。单株植株虽然也可以结果，但最好种 2 种以上不同品种的橄榄植株，这样会更容易授粉。

在空间有限的地方，为了不让植株长得过大，需要经常进行修剪，但这样就会很难结果。因此，与其追求结果，倒不如享受观赏橄榄植株常绿的乐趣。

修剪后

修剪前

花坛中吸引眼球的橄榄植株。因为枝条会变得杂乱，所以需要果断修剪掉徒长枝以便调整树形，株高维持在 2 米左右

①花
②果实
③多孔横沟象

①

②

③

病虫害

如果发现树干周围出现一圈一圈的蚕食痕迹，那就是多孔横沟象的"杰作"。这种害虫名字听着洋气，却是日本的特有品种，该虫会经常蚕食日本女贞和水蜡树。橄榄含有一种叫橄榄苦苷的驱虫物质，一旦遭受虫害，植株就会产生这种驱虫物质。但据说只有多孔横沟象会麻痹饱食中枢，使得驱虫物质对其不起效，所以该虫可以任意蚕食橄榄。因人们发现了它的这种特性，顾其又名为"橄榄多孔横沟象"。

贝利氏相思
（别名：银粉金合欢）

豆科 / 常绿中木
修剪期：谢花后 ~7 月
花期：3~4 月
病虫害：介壳虫、白粉病、叶斑病
● 容易受台风和雪的影响而折倒。
不耐寒

贝利氏相思、银荆在日本俗称"银粉金合欢"与含羞草同名。

最近贝利氏相思出现了叶色和形状各具特色的金叶刺槐、珍珠相思、三角叶相思树等各类品种。

在日本关东南部地区，植株会从 3 月开始开出黄色蓬状的可爱小花。花蜂会前来采蜜，除非直接抓住，否则花蜂不会袭击人类，几乎没有攻击性。花蜂还可以帮助各种植物授粉，所以希望大家好好善待花蜂。

贝利氏相思的大部分品种原产地在澳大利亚，生长速度非常快，但相应的，植株的寿命并不长。所以为了延长该植株的寿命，每年需要进行修剪，以抑制其生长。

另外，贝利氏相思不耐寒，很难在高寒地区培育。

因为 1 年就能长得相当大，所以年轮较宽。由于树干和枝条柔软，所以很容易被台风和雪折断。对于一般的相思植株，主张有机种植的园艺师会倾向于不做支柱。因为植株被风吹动后，根就会扎得很深，若做了支柱，植株产生依赖性后会导致扎根不深。不过相思植株中，唯独贝利氏相思和桉树多需要支柱支撑。

修剪方法

谢花后到 7 月前后进行强剪，使植株变轻，以减少台风对植株的损害。秋后把花芽剪掉，有时就无法开花。因为枝条容易长得杂乱，所以要修剪掉比较突出的徒长枝。

根据种类的不同，有的被培育成破土而出的株立式树形。要让植株挺立，最好对枝条进行适当修剪，以保证通风良好。

与贝利氏相思的树形非常相似的桉树的修剪方式也大致相仿，但耐强剪能力较弱，若进行强剪，植株可能会枯萎。

贝利氏相思的花

吹绵蚧。如果不修剪贝利氏相思和桉树，就会容易发生此虫害（图中的植株为南天竹）

贝利氏相思修剪前

若不果断修剪，就会因长得快而长成高大植株。如果一直让其茂盛生长，在台风和下雪天就容易折断。所以要短截长势旺盛的枝条，一边观察枝条的分布，一边修剪掉沉重的枝条

贝利氏相思修剪后

桉树修剪前

植株与贝利氏相思不同，但修剪方法基本相同。图中的植株没多久就被风吹歪了，所以后面做了支柱固定植株

桉树修剪后

病虫害

如果不修剪贝利氏相思和桉树，枝条就会长得过于茂盛而导致通风不良，容易发生白粉病和吹绵蚧的病虫害。发生吹绵蚧的虫害后，该虫的分泌物会使得植株发霉变黑变脏，患上叶斑病。

129

多花红千层

（别名：红瓶刷、刷毛桢）

桃金娘科 / 常绿中木
修剪期：6~12 月
花期：5 月
病虫害：基本上没有
●向阳。不耐寒

多花红千层会绽放像红色刷子一样有特色的花朵。种在院子里会很有视觉冲击感，所以常见于西式庭院。不耐寒，喜阳光充足的地方。也有初夏、秋季两季开花的品种，以及四季开花的品种。原产于澳大利亚，生长迅速。几乎没有病虫害，强健有力，但植株的寿命不长。

修剪方法

如果放任不管，枝条就会乱成一团，导致通风不良。谢花后，要修剪掉枯枝和缠枝。

因为从初春开始生长的新梢顶端会开花，所以在 3 月后修剪的植株开花会变差。

修剪后

修剪前

130

胡颓子

胡颓子科 / 落叶灌木（苗代茱萸是常绿植物）

修剪期：12月~第2年2月
花期：木半夏为4~5月；苗代茱萸为10月
结果期：木半夏为6~7月；苗代茱萸为5~6月
病虫害：二斑叶螨、蚜虫、白粉病、叶斑病
● 开花期和结果期因种类而异。枝条上有刺

胡颓子的品种多样。木半夏和苗代茱萸在6月结果，但果实大小为2厘米左右的叫"巨茱萸"或"大王茱萸"。苗代茱萸的果实有白色的斑点，观感稍逊。木半夏和巨茱萸会结出好看的果实。还有一种秋季结果的品种叫"秋茱萸"。

修剪方法

生长1年就会长得很高，所以要修剪掉徒长枝留下短枝。如果想让植株结果，就要种在空间宽大的地方。修剪过度会导致不结果。另外，如果成长期总是被强剪，为了进行光合作用，植株会将能量用在努力生长枝叶上，使得难以结果。因为枝条上有刺，所以修剪时要小心。

病虫害

容易得白粉病。新芽上出现蚜虫后，会因为蚜虫的分泌物而霉变，患叶斑病，叶片变黑变得不美观。易有二斑叶螨的虫害。

修剪前

对长势旺盛的枝条进行短截，修剪掉立枝和缠枝。短而细软的枝条容易结果，要尽量保留下来

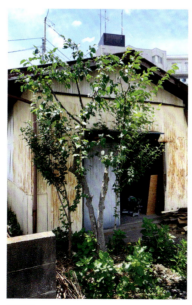

修剪后

石榴

千屈菜科 / 落叶乔木

修剪期：12 月 ~ 第 2 年 3 月
花期：5~7 月
结果期：9~11 月
病虫害：天牛幼虫、蚜虫、白粉病

石榴有可用来观赏的花石榴、可食用的石榴和姬石榴等品种。花石榴的花为重瓣花，一般不结果。姬石榴的花和果都比普通的石榴要小，不太适合食用。一般在市场上售卖的石榴叫大果石榴，虽然好吃，但很容易受到天牛幼虫的侵害。

修剪方法

剪掉立枝和徒长枝，留下短枝就比较容易长出花芽。枝条上有棘状突起，所以修剪时要注意戴皮手套、穿长袖上衣等，以免受伤。

病虫害

如果根部有木屑堆积，就可能是天牛幼虫蚕食植株的缘故。解决方案可参见第 100

栏 目　**石榴的回忆**

　　我年轻的时候曾在印度背包旅行。
　　那时我坐在后面打开的带篷公共汽车上，一位衣着整洁的小男孩和妈妈坐在一起，从篷外卖石榴的小男孩手中的箩筐里拿了一个石榴，之后男孩的妈妈付了钱。

　　那段情景，就像电影里的一个镜头，深深地印在了我的脑海里。
　　卖石榴的少年和买石榴的少年年纪差不多大。石榴在两个少年之间的传递反映了两者巨大的贫富差距，令人震撼。
　　在尘土飞扬的深褐色背景中，只有石榴闪闪发红。不知那两名少年现在都成了什么样的大人？

页的内容。此外，石榴还容易有蚜虫的侵害，我曾见过瓢虫和暗绿绣眼鸟捕食害虫的样子。另外，该植株也会得白粉病（参见第84页图片），但柯氏素菌瓢虫会吃掉白粉病病菌。

修剪前

立枝上长出许多徒长枝，基本上都要修剪掉

修剪后

醉鱼草
（别名：大叶醉鱼草）

玄参科／落叶中木
修剪期：12月～第2年3月
花期：5～7月
病虫害：蚜虫、鬼脸天蛾
● 花香甜，会引来许多蝴蝶。耐寒、耐热

因为幼苗期植株还很小，所以很多人都会把它种在狭窄的地方，但是种植的地方最好要有一定的空间，以便能让植株开出更多花。

如果确实空间有限却仍想栽种，建议种在花盆里。若花盆放在地上，根会从盆底伸向地面，所以要用平木板等大一点的东西垫在盆下，并不时检查一下根有没有长出来。

醉鱼草一般都会开出紫色的花，根据种类的不同，其他还有浅粉色、深紫色等不同的花色。偶尔也能看到开白花的品种。

醉鱼草喜向阳处，忌潮湿处。因为植株强健，所以若能种在合适的地方，几乎不需要浇水。在温暖地区，有时冬季也不枯萎，会以半落叶的姿态迎接春季。

133

因为经常会有蝴蝶和蛾来采蜜，所以英语名叫"Butterfly Bush"。如果你喜欢蝴蝶，那么十分建议您种植一株醉鱼草。

修剪方法

因为花芽生长在春季生长的枝条上，所以在 12 月～第 2 年 3 月，要将上一年生长的枝条短截。该植株树形易乱，应每年进行修剪。修剪可以促进枝条更新，多长花芽。无论从哪处修剪，新生长出来的枝梢上都开花，所以很适合初学者种植，但也正因如此，很考验个人的品位。为了确认整体是否协调，需要在修剪植株时，不时地离远点进行观察。也就是要在修剪植株的同时，确保整个庭院与植株之间能保持协调的美感。

病虫害

因为生长较快，如果植株茂盛就容易通风不良，引发蚜虫滋生等虫害问题。曾经就发生过一次鬼脸天蛾的幼虫虫害，鬼脸天蛾的成龄幼虫比人类的手指还要长和大，真的很令人吃惊。据说成虫背上有骷髅样的花纹，但我还未曾得见。

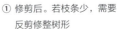

① 修剪后。若枝条少，需要反剪修整树形
② 修剪 5 个月后开始开花的醉鱼草
③ 停留在醉鱼草花上的蓝凤蝶
④ 豹纹蝶
⑤ 鬼脸天蛾幼虫很大

白桦
（别名：桦树）

桦木科 / 落叶乔木
修剪期：11 月～第 2 年 3 月
花期：4~5 月
结果期：9 月
病虫害：天牛幼虫、美国白蛾、黄刺
蛾、等节臀萤叶甲、苹掌舟蛾、舞毒蛾
● 不喜化学肥料

白桦喜高原等凉爽地区。因此，在夏季高温高湿的内陆平原等地，经常能看到白桦植株逐渐变得衰弱枯萎。种植时，要挑选较小的幼苗，以便让植株慢慢适应环境。

为了展现出白桦原有的优势，宜将白桦种在空旷的地方，且尽量不要修剪，这样能使白桦保持美丽的树形。虽然该植株长得快，但寿命很短，据说只有 20~30 年。

因为不喜化学肥料，所以要施肥就尽量施用有机肥料，但不能过多。

修剪方法

基本都是通过短截修剪，修剪过的植株枝条会向四面八方伸展、垂下等，逐渐杂乱交错，所以很难维持美丽的树形。因此，修剪时要一边观察整体的平衡，一边调整枝条的分布。

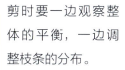

① 不修剪白桦反而能让树形保持美丽
② 美国白蛾幼虫
③ 丽绿刺蛾幼虫。低龄（左）和成龄（右）
④ 赤刺蛾幼虫
⑤ 纤刺蛾幼虫

针叶树

　　除了针状叶的松树和杉树外，像罗汉松这样叶片稍宽一些的及像羽叶花柏和日本扁柏这样叶片聚集成鳞片状的植物也被归类为针叶树。

　　若把针叶树的枝条上的叶片全部剪掉，枝条就会枯萎。所以在进行强剪时，必须要保留一定数量的叶片。上部修剪力度大一些，然后按照越往下枝叶越茂密的规律进行修剪。

　　另外，如果植株的上部枝叶过于茂盛，大多数情况下，植株会从下部的枝条开始自然枯萎。

　　针叶树有很多种类既耐热又耐寒，但由于该类植株的根较浅，所以不耐干燥。因此，不管是在夏季还是冬季，都要注意给针叶树浇水。

　　日本庭院里的针叶树自古以来就耐修剪，但近年来引进的外来物种有的进行强剪后就会枯萎，这点需要注意。

　　针叶树不仅能越冬，还是夏眠瓢虫的温床。

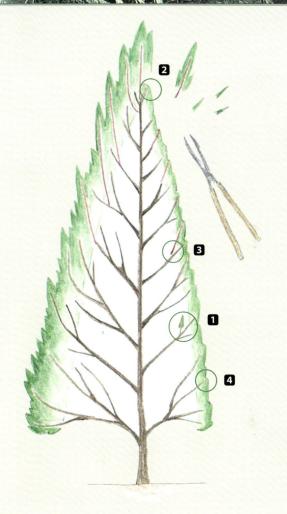

剃剪的时候，从下往上修剪会更容易整理树形。

1. 剃剪针叶树时，内侧会堆积许多枯萎枝叶，修剪完后要把枯枝、枯叶和垃圾清除干净，保持通风，这样容易从内侧长出新芽。

2. 最低限度地保留植株的上部叶片。

3. 当粗枝表面有切口时，需要往基部修剪。

4. 下部叶少了，枝条容易枯萎，所以要弱剪下部，尽量将此部分的叶片保留下来。

侧柏

柏科 / 常绿针叶中木

修剪期：3 月、10~12 月

花期：3~4 月。 谢花后会结出如金
平糖般的球果

病虫害：基本上没有，偶有杉丽毒
蛾、蓑蛾

● 枝叶平直向上。耐寒、耐热

最近市面上较多的外来品种"美柏"的株高为 5 米左右，冬季叶片泛红。日本当地的品种为卵形树形，外来品种为圆锥形树形。

修剪方法

侧柏的抗剪能力强，所以可用修剪器和园艺剪刀修整外侧形状。经过几次修剪后若感觉很沉重，就要开始修剪枝条。然后再手工清除修剪过的枝叶和内部枯萎的褐色的叶片。若是在枝杈处堆积了枯叶，新叶就会很难长出来。

① 侧柏要从下部剃剪成形。越往上部剃剪的力度越大

② 枝杈处堆积着修剪掉的叶片

③ 修剪完后，要用手把枯萎的叶片和②中剪掉的叶片拍落

④ 枝梢的枯叶需要用手清除

用戴着皮手套的手像按摩一样从外到里轻捋枝条，然后把枝条内侧枯萎的叶片拍落，新的叶片就会从枝条内侧长出来，下次就可以果断地将植株剃剪一圈。

另外，若枝条被用来捆绑支柱等的绳子束缚，可能会导致枝条上面枯萎。

修剪前的侧柏

强剪上部，弱剪下部，多保留绿叶

修剪后的侧柏

龙柏

柏科 / 常绿针叶乔木
修剪期：1~2 月和 8 月以外的任何时候
病虫害：赤星病、锈病
● 抗潮风、大气污染

在日本的梨产地的近郊处，各地方政府制定了禁止栽植龙柏的条例。因为龙柏是赤星病和锈病的中间宿主。赤星病病菌在龙柏植株上越冬，从初春开始就附着在梨等蔷薇科植物的叶片上。受害的除了梨以外，还有贴梗海棠、木瓜、垂丝海棠等。

修剪方法

只要每年精心修剪，修剪就不是难事。问题是多年不修剪的情况下，枝条会变得杂乱不已，粗壮难剪，很难再让枝条变小。

如果用力修剪，就会长出类似杉树叶的棘状硬叶，这种现象俗称为"返祖"。龙柏是刺柏的枝条变形品种，受某种影响，植物细胞发生变异，导致刺柏变成了龙柏。所谓"返祖"是指与原始植物表现出相同性状的一种现象。

过去，人们常说该植株"忌用刀具"，所以园艺爱好者都会以用手指掐掉叶尖的方式来调整树形。这样做，枝条会变得非常柔软，但是树形会不断变大。考虑到住房空间的问题，为了维持树形，最终还是得用刀具进行修剪。

有时，从庭院到道路空间也能看到枝条延伸出来的龙柏，行人和自行车被挤到车道一侧就会带来交通隐患。如此一来，就只能进行强剪，多少要做好让植株"返祖"的心理准备。

强剪枝条，保持通风和光照充足，枝条内部长出新叶的概率就会增加。这样下一年还可以进行强度更大的修剪，虽然会花上一些时间但植株会逐渐变小。

另外，如果把枝条上的所有叶片都除掉，那枝条就会枯萎。

修剪后

不加以修剪，植株就会长成如火焰般的形状

修剪前

一旦植株变大了，就很难再变小。所以为了保持树形，需要不断地进行强剪。如果长出粗枝，就要再往枝条内部修剪

返祖的叶片

日本花柏
云片柏

柏科 / 常绿针叶乔木
修剪期：6 月中旬 ~7 月中旬、9 月、
12 月
花期：4 月
结果期：10 月
病虫害：基本上没有
● 向阳、半阴处皆可

此类植株以前多种在老式庭院里，常用作植被、绿篱等。但最近人们多用针叶树等外来品种，也因此，种植这类植株的人变少了。该植株抗修剪，基本没有病虫害，有一定的利用价值。

若种在阴凉处，下侧和北侧有的枝叶有时会枯萎。

修剪方法

基本上采用剃剪的方法修剪，需要用手摘掉枯萎的叶片。

如果修剪太过导致没有叶片，枝条就会枯萎，所以要注意控制修剪力度。

若树冠重而茂盛，下部的枝条自然容易枯萎，因此要果断除掉上部的枝条。

埼玉县饭能市竹寺的云片柏

修剪前的日本花柏

一旦长势迟缓，内侧的枝条就会枯萎，因此很难通过一次修剪使其变小。在这种情况下，用棕绳等牵拉枝条，一边调整枝条使其宽度变小，一边进行修剪。第 2 年，当树叶长在枝干深处时，依次短截，使其缩小一圈。每年如此重复，植株就会慢慢地变小

修剪后的日本花柏

金冠柏

柏科 / 常绿针叶乔木
修剪期：1~2 月和 8 月以外的任何时候
病虫害：基本上没有
●揉搓叶片会散发出清香

变得巨大的金冠柏

黄绿色的新叶很好看，修剪后会散发出清爽的香草香味。

经常会有人在圣诞节时买一盆金冠柏的小盆景，没想到金冠柏却长大了，甚至株高超过二楼屋顶，变得越来越大。而人只能在手够得到的植株下部进行修剪，最终，下部的枝叶因为枯萎而脱落。

北美产的金冠柏在欧美几乎不修剪。我推测欧美那边的做法是平时放任植株自由生长，等到树形过大的时候就直接砍伐，反复如此……

修剪方法

金冠柏不喜剪刀修剪。如果继续修剪，多数情况下会导致植株枯萎成褐色。话虽如此，若因为空间有限不得不进行修剪，就只能做好植株枯萎的准备（参见第 138 页"侧柏"）。然后尽早进行摘心（剪掉长在中心的枝条或树干）。

若从基部起砍伐金冠柏，植株往后就无法生长。

罗汉松

罗汉松科 / 常绿针叶乔木
修剪期：6 月、9~10 月
病虫害：蚜虫、叶斑病

树势强健，抗空气污染和潮风。

虽然以前常被用来装饰门檐（参见第 53 页图片），但现在很少被这么使用。罗汉松、黄杨、桃植株等修剪后再进行去枝修剪的植株多会被修成重云状树形，当然也可以打造成自然的树形。重云状树形是指将每一部分枝条修剪成云状的修剪方法。除此之外，罗汉松也常被用作绿篱，但现在这种用法比较少见。

修剪方法

最好先从根处剪下徒长枝。如果每年都进行修剪，则只需修剪 1 年生的枝叶部分。

修剪后的重云状树形

向阳的部分要进行强剪，北侧和下侧的枝条要弱剪。基本都是进行剃剪，若枝条太密就要剪掉

修剪前的重云状树形

松树

松科 / 常绿针叶乔木

修剪期：5 月摘绿，10 月～第 2 年 3 月修枝薅叶

病虫害：赤松毛虫、蚜虫、黄毒蛾、松材线虫

● 向阳。就算在贫瘠的土地上也可与菌根菌共同生长

松树有很多品种，但我们在庭院里看到的主要是黑松、赤松和日本五针松。

松树等植物（参考第 53 页内容）过去常被人们用来装饰门檐，但近年来，几乎没有人想再种植松树，更多的是请人来砍伐松树。这些种松树的家庭多数是从上一代传下来的，又或是二手买来的别人的庭院，院里本就种有松树。

在这种情况下，新主人与上一代或前主人的审美观念不同，不受青睐但又不得不在庭院里的松树就变得十分可怜。为了满足自己的想法，有的新主人会选择砍掉松树。对于人来说，"当下"是很重要的。我认为把现在的庭院建设成可以享受的庭院，是一种有益心灵净化的方式。

人们砍伐松树的另一个原因是"维护和管理要花钱"。在日本，修剪松树的技术很特殊，这种技术叫"摘绿"，需要人们花工夫摘取新芽；此外，还要用手摘掉旧叶，这种方式又叫"修枝薅叶"。

也许是因为以前的庭院有很多长得很好的植株，而且经常有园艺师在，所以从前除了松树外，像全缘冬青、龙柏等需要花时费事打理的植株都曾十分受欢迎。但是在预算有限的情况下是不可能做到这一点的，所以平时能用剪刀的地方就用剪刀修剪，最低限度的保持树形即可。

黑松上常常伸展的嫩绿，后期会变成枝条

日本五针松的雄花，呈粉色，十分可爱

修剪后的日本五针松

修剪前的日本五针松

摘绿的方法
① 选择长势较好的新芽
② 把新芽从根上摘掉
③ 枝干基部如果有小的新芽
　就留下
④ 正在进行摘绿工作（这是
　黑松）

图中所示为约 1 个月内迅速枯萎的松树。推测是由天牛引起的松本线虫的感染所致。

病虫害

可能会有蚜虫虫害，我曾看到过蚜虫的天敌短翅细腹食蚜蝇在枝条间飞来飞去的样子。

另外，虽然叶片那么细小，其上却可见蚜虫的天敌草蛉所产的虫卵，该虫的虫卵形状如花。

松树上还附有黄毒蛾和赤松毛虫的幼虫。有时徒手触摸两者会出现痛痒的情况，但只要不是直接徒手触摸，问题就不会很严重。另外，黄毒蛾不仅会危害松树，还会危害其他各种植物。

⑤ 赤松毛虫幼虫。有些人碰到它会皮肤瘙痒

⑥ 黄毒蛾幼虫。触碰后会变得瘙痒，但是毒性没有茶毒蛾那么强

⑦ 可能是因为有蚜虫，而出现了短翅细腹食蚜蝇幼虫

⑧ 短翅细腹食蚜蝇成虫

⑨ 云纹瓢虫。我曾见过云纹瓢虫飞到针叶树上休息或是捕食蚜虫

⑩ 松树枝上的异色瓢虫幼虫，会捕食蚜虫

蚂蚁是害虫吗？

　　有人会说"蚂蚁会腐蚀植株！"。然而，蚂蚁并不会让植株腐烂。蚂蚁在植株上，只是把木腐菌运到外面，然后做成自己的巢穴。所以蚂蚁将木腐菌外运的做法，相反地，会让植株更容易形成防御层。

　　还有人看到木屑中有蚂蚁，就断言"蚂蚁在啃食植株"，然而实属误解。蚂蚁把木屑往外搬，是为了让天牛幼虫蛀蚀形成的孔道成为自己的通道和巢穴。

　　此外，蚂蚁也捕食各种蛾的虫卵、低龄幼虫等。蚂蚁体形矮小却异常强壮，除此之外，能伪装成蚂蚁觅食的蚁蟋、让蚂蚁养幼虫的黑灰蝶、在蚂蚁巢中伪装成墙并偷食蚂蚁卵和幼虫的日本巢穴蚜蝇的幼虫等，这些意想不到的生物都寄居在蚂蚁的巢穴中。这么看来，这些也算是"蚂蚁的优点"吧。

疑似日本巢穴蚜蝇。在劈开的木屑中，有木腐菌的地方有与蚂蚁相似的神秘生物。我至今从未见过这样像纽扣孔缝线般有着古怪模样的昆虫。想必一些昆虫爱好者们看到后应该会特别兴奋，特别想得到手吧。殊不知人们却常常会把它和木材一起直接烧掉

搬运木腐菌的蚂蚁

想将甘蓝夜蛾聚在一块解体的蚂蚁

藤蔓性

　　藤蔓植物中，有容易攀附在墙壁上生长的植物，也有只会缠绕物体生长的植物。

　　如果在没有确认藤蔓基础性质的情况下进行修剪，容易导致植物中途枯萎，所以修剪时要仔细确认，并按照藤蔓的特性进行修剪。另外，还需要对一些茂密生长的植物枝条进行整理，理顺贴近地面部分的枝条。

　　打理藤蔓植物十分辛苦，但若放任不管，藤蔓植物又会任意生长，后期就算想要修剪恐怕也为时已晚。所以在种植这类植物之前一定要认真考虑是否真的有必要种植？有没有其他植物可以代替？

1️⃣ 先确定藤蔓植物的主枝，将植物与架子或支柱紧紧地捆在一起。每隔 2~3 年重新捆绑 1 次。如果放置不管，捆扎的部分就会嵌入枝条内，导致枝条枯萎。

2️⃣ 图中红色标记的徒长枝等枝条，不论哪个季节都要从枝条基部开始修剪。

3️⃣ 在落叶期，要修剪掉凌霄和多花紫藤的藤蔓根部的冬芽。

4️⃣ 将葡萄科植物的徒长枝从枝条基部修剪掉。即使是短藤蔓，也要对其生长茂密的地方进行疏剪，使其通风良好。

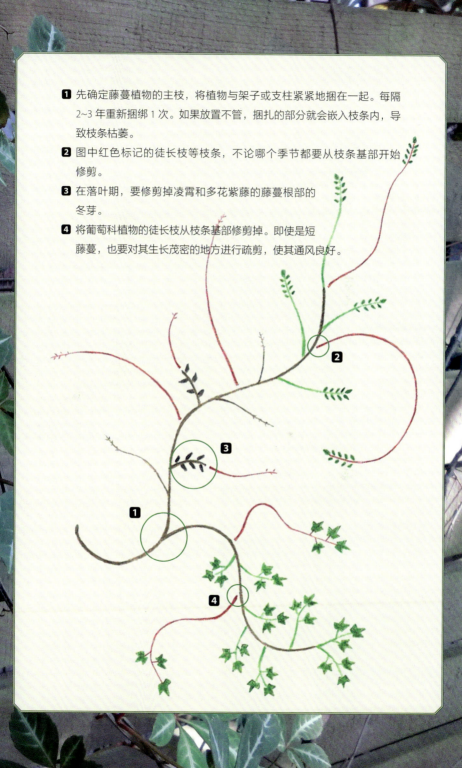

狝猴桃

狝猴桃科 / 落叶蔓性木本
修剪期：12 月 ~ 第 2 年 2 月
花期：5 月
结果期：10~11 月
病虫害：碧蛾蜡蝉类
● 雌雄异株

因为是雌雄异株，所以必须同时种植雄株和雌株才能结果。光照条件不好就难以结果。因为果实太重，所以需要搭个结实的棚架，趁霜降前采收果实。

修剪方法

在休眠期，即严寒期进行修剪。把长势旺盛的藤蔓缩减到 1/3 左右。从枝条基部剪下交错的粗枝等。如果不这样做，枝条之间就会变得越来越拥挤，导致光照和通风条件变差。

结果方法

不结果多是因为在长花芽的 3 月以后剪掉了花芽，或是因为花没有授粉。若想确保授粉，清晨顺着雄株收集雄花，在刚开放的雌花的雌蕊部分涂上雄花的花粉。

因为挂果后植株的长势会变弱，所以要尽早采收果实。

都说种狝猴桃需要施肥，但市面上卖的油粕多是用己烷等化学溶剂提取的，提取后的渣自然也会残留有化学溶剂。骨粉大部分是用家畜的骨头制成的，但家畜的饲料中使用的是抗生素和激素类药物。

识别主枝，把长势迅猛的徒长枝从基部剪掉，平衡枝条布局，均衡保留细软的枝条

雄花

雌花

褐缘蛾蜡蝉成虫，别名
青蛾蜡蝉

褐缘蛾蜡蝉幼虫

因此，还是建议尽量使用家庭制造的生活垃圾堆肥和落叶堆肥。

病虫害

如果放任不管，等植株长得十分茂盛后，就会滋生褐缘蛾蜡蝉、带纹疏广翅蜡蝉等，产生白色松软的分泌物，使植株变得很不美观。但是植株也不会因此而枯萎。通过修剪改善通风条件后，下一年就很难出现这类虫害问题。

栏 目　**与园艺师的交往**

有时客户会说"就交给你了"。

但是，如果仔细询问客户想要打造怎样的庭院和种什么植株时，客户又会说出"想要种能与邻居家隔绝分界的植株，植株以能够跟人打招呼的高度为好"等具体的要求。

在打理庭院植株方面，园艺师的经验和技术固然重要，但也需要客户能够提供如想把植株怎么处理、想把院子打造成什么样子等具体的要求。

我个人会推荐一些能认真听客户说话，并尽可能地回答客户，即使不能办到，也会认真跟客户解释不能办到的原因的园艺师。

最重要的是，要让客户认为这是"经过自己同意后的决定"，这样园艺师就能更好地进行打造庭院的工作。

只要积极地与庭院进行链接，自然庭院也会变得越来越好。

一个家也正因为有庭院而变得更丰盛富足。

如果把庭院改造成一个宜居的地方，想必你的日常生活也会变得快乐起来！

凌霄

紫葳科 / 落叶蔓性木本
修剪期：2 月
花期：7~8 月
病虫害：蚜虫

这是一种与夏日晴空相得益彰的花。

凌霄喜向阳的地方，也不需要施肥，很容易栽培。

但若因此放任不管，枝条就会纠缠在一起。如果其藤蔓缠绕在附近的植株上，还会阻碍植株的光合作用，使被缠绕的植株的长势变弱。凌霄的藤蔓若爬到墙上，藤蔓中间就会长出像胡须一样的须根，与墙面紧贴，剥离下来还会留下痕迹。

种植前要做好计划，如想清楚是用来架藤蔓，还是让藤蔓从斜坡或石墙上垂下来等。

树干不变粗，花就不会开，所以建议先定主干后培养。

①

②

① 修剪前
  从根部将向旁边伸展的藤蔓修剪掉
② 花

修剪方法

凌霄会从基部分枝，长出萌芽枝，所以需要提前将藤蔓从根部修剪掉。修剪时间宜在 2 月前后，将粗枝上的冬芽保留下来，细枝全部剪掉。

病虫害

有棉蚜的虫害问题。

多花紫藤

豆科 / 落叶蔓性木本

修剪期：5 月下旬 ~6 月、12 月 ~ 第 2 年
2 月

花期：4~5 月

结果期：9~10 月

病虫害：蚜虫、介壳虫、天牛、碧蛾蜡
蝉类、癌肿病

● 有白色、紫色等各种花色，品种繁多

4~5 月，从日本许多庭院的藤架上盛开
的花来看，就可以知道多花紫藤在日本有多
受欢迎。多花紫藤花序漂亮、华丽气派，但
又不失内敛。

各地都有漂亮的紫藤花架，但实际上多
花紫藤是很难分辨树龄的植物。

光是看着木蜂等采花蜂前来采蜜就很有趣。

修剪方法

在伸长的细藤蔓的基部长着一簇花芽，
修剪时要保留花芽。缠绕的藤蔓和枯萎的藤
蔓要从基部修剪掉，并采收所有果实。

病虫害

有时枝干上会长包块，有癌肿病的病害
问题。发现了就要及时把包块剪掉。

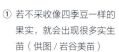

① 若不采收像四季豆一样的
　果实，就会出现很多实生
　苗（供图 / 岩谷美苗）

② 要考虑到藤架的大小是否
　方便养护紫藤

③ 虽然是藤蔓植物，但树干
　会变粗

④ 伸长的细藤蔓的基部长出
　花芽

修剪方法特殊的植物

植物种类繁多，有些植物很难进行归类。下面就对未分类的植物进行介绍。这些植物的修剪方法基本相同。

绣球花

绣球科 / 落叶灌木
修剪期：7 月
花期：6~7 月
病虫害：藏凹大叶蝉、白带赤脚长象鼻虫、二斑叶螨、炭疽病、锈病
● 背阴湿润地

因为绣球花是灌木，所以有时会种在狭窄的地方，但因为体形大，而且不留出一定的空间会很难开花，因此最好种在空间较大的地方。

若绣球花种得太密集，容易成为蚊子的温床。

另外，若种在狭小的地方，且每年都进行严格的修剪，开花效果就会变差。

绣球花用作插花的时候，如果不把茎烧焦然后浇水，花就容易枯萎。安娜贝尔这个品种，喜向阳，适合用作插花，而且即使在 3 月左右修剪，长出的芽尖上也会开花，所以即使是初学者也很容易打理。而且，枯萎的花也会变成有香味的干花，在园艺店和花店都能高价售卖。

以山绣球这个名字出现的品种多为强健的品种。有一段时间颇受欢迎的栎叶绣球，因为花序下垂，所以不论是种植在庭院里，还是用作插花都要费一番功夫。

大家认为是绣球花花瓣的部分，其实是花萼。

修剪方法

基本是要从开花枝条的第 2 节以下部分开始修剪，但这样修剪枝条越剪越粗，所以每隔几年就要放弃一次开花的机会，并果断地剪短。清理地面的枝条可减少蚊虫。仔细观察并找出被修剪后变成褐色的枝条，如果枝条上没有长出青色的芽，就要顺着基部将枝条剪掉。

12 月左右，由于无法判断正在形成的芽会否开花，只能适当地将长出来的枝条修剪掉。

绣球花点缀着梅雨时节的庭院（供图 / 臼井朋子）

修剪后

修剪前

①

③

⑤

②

④

⑥

⑦

① 将花序下部第 2 节下的发芽处留下，其余部分修剪掉，第 2 年开花的可能性会变大 🐛② 从第 2 节往下部分开始修剪。每年这样做，植株会越长越大，有时需要进行强剪 🐛③ 安娜贝尔 🐛④ 山绣球在条件恶劣的庭院里也很强健 🐛⑤ 白带赤脚长鼻象鼻虫蚕食绣球花。花序像断了似地垂下来 🐛⑥藏凹大叶蝉幼虫，其幼虫、成虫会侵害各种植物 🐛⑦ 藏凹大叶蝉成虫

竹
笹竹

禾本科 / 常绿、落叶，因高度而种类不同

修剪期：2~3 月
花期：6~7 月
病虫害：竹斑蛾、介壳虫、蚜虫
● 蚜灰蝶的幼虫以附着在竹子和笹竹上的蚜虫类昆虫为食

一般的庭院里经常用的是大名竹等小型细长的竹子。笹竹既可以群植，也可以覆根栽培。

为了不让竹子的地下茎扩张生长，最好种植在约 1 米深的土管或槽盆中。

一般开花表明竹子要枯萎。

修剪方法

2 月左右，为了不让竹子增长太多，要从基部开始进行疏剪，以控制竹子的数量。并且，在预定高度的竹节上摘心，可固定竹芯抑制其继续长高。从竹节上延伸出来的枝条，也要进行疏剪，使整体保持平衡，修出树形。如果放任不管，竹子有可能长到约 5 米高，但大多数情况下，只要去掉竹芯，竹子的高度就可以固定在 2~3 米。

病虫害

在 5~6 月和入秋时节，有竹斑蛾的幼虫滋生的情况。因为该虫带有毒针毛，据说一旦触摸到，皮肤会变得瘙痒，因此要小心。

修剪前的大名竹

竹斑蛾幼虫

修剪后的大名竹

台湾十大功劳

小檗科 / 常绿灌木

修剪期：4~6 月
花期：3~4 月
结果期：初夏至秋季
病虫害：基本上没有，偶有介壳虫、炭疽病

台湾十大功劳，因叶似柊树叶，所以又名"柊南天"。不小心碰到叶片会有痛感。能开出许多黄色的小花，花序垂下，散发出淡淡的香气。

即使放任不管也能自然成形，是一种方便打理的植物。

狭叶十大功劳是台湾十大功劳的同科品种，在市面上也叫"湖北十大功劳"。叶片又细又薄，没有台湾十大功劳那么突出，摸起来也没有痛感。一般种在都市公寓的入口处，被用作时尚的地被植物。

据我个人的培育经验，两者都不喜阳光强烈直射的地方。该植物在 3~4 月开花。

修剪前的台湾十大功劳

修剪后的台湾十大功劳

果断进行修剪。从基部起剪去长枝，让植株缩小一圈

台湾十大功劳的花

修剪前的湖北十大功劳

修剪方法

台湾十大功劳的枝条会随着时间的流逝相互交错，所以需要按照从高到低的顺序，从基部开始对枝条进行疏剪。如果放任狭叶十大功劳自然生长，植株会不断长高，所以也需要在基部对植株进行疏剪。

来的棕榈，一般都是通过鸟食用了果实后将种子排泄出来，然后自然生长起来的实生苗。

棕榈有雄株和雌株，分别会开出雄花和雌花，雄花呈块状垂下，形状怪诞。

授粉结束后，雄花会逐渐枯萎，雌花则结出如蓝莓般的果实。鸟类似乎喜欢这种果实。

果实

雄花

叶

雌花（供图／岩谷美苗）

左：修剪前，右：修剪中途。再次减少树叶
从下到上依次把老叶从基部剪掉。生长点在顶端，但因为植株太高而无法修剪顶芽。所以图中的植株每年都在不断长高

修剪方法

修剪方法是将在夏、秋季从中心长出的新叶保留 2~3 片，然后从叶柄的基部开始进行修剪。另外，老叶的叶尖会弯曲，需要剪掉这样的叶片。

若想要防止出现实生苗，就在该植株开花的时候修剪掉花朵。但是也有可能会有鸟从别处将种子运过来，所以是防不胜防的。不过无须担心，只要在实生苗还没长大的时候拔除即可。

结香

瑞香科 / 落叶灌木
修剪期：11 月 ~ 第 2 年 2 月
花期：3~4 月
病虫害：基本上没有，偶有蚜虫

因枝梢为三叉状，顾又名"三叉树"。结香是制作宣纸和纸币的原料。3~4 月开出球状黄花有淡淡的芳香。

若要种植在庭院里，需要留有一定的空间，地方不能太过狭窄，只有这样才能发挥出结香的特色之处。

我家种的是红花结香这种开红花的品种，由于空间的原因，该植株经过反复的强剪后，植株上的红花渐渐减少，逐渐变成普通的黄色结香花，现在已全部变成了黄花。或许是因为该品种是用普通的结香作为嫁接砧木的缘故？又或是因强剪导致植株出现返祖现象？这个问题至今仍是个谜。

修剪前

花。左边为红花结香

修剪后

修剪方法
沿着突出生长的枝条的分枝处将其修剪掉，就会使植株变小一圈。

山月桂
（别名：美国石楠）

杜鹃花科 / 常绿灌木

修剪期：6 月

花期：5 月

病虫害：基本上没有，偶有蚜虫、褐斑病

● 喜半阴。排水好的地方

5 月左右，山月桂开出白色、粉色、红色等像金平糖一样的花。喜半阴及排水好的地方。我曾将山月桂种在背阴处，结果不能开花。但是将其种在夏季阳光直射的地方，它的叶片又会变黄，所以山月桂最好种在落叶植物下。因为不耐夏季的干燥，所以要用腐叶土覆根。也要避开西晒的地方。

开花的枝条第 2 年不会开花。因此，植株处于幼苗期，往往 1 年只开 1 次花。若想每年都能赏花，就需要进行摘蕾，也就是把花蕾减少到 1/3 左右。但是，种植 3 年以上后，植株就会变得强健起来，每年都能开出花朵，也就不用那么担心不开花了。

山月桂的花有白色、粉色和红色等各种颜色

山月桂生长缓慢，通常无须打理。若有枝条突出生长，就从分枝处修剪枝条，以免延缓植株的生长

修剪方法

山月桂一般生长缓慢，若放任不管会自行调整树形。修剪时，只要从枝条交叉处轻轻短截掉长出的徒长枝即可。

其他杜鹃花科品种也可以用同样的方法进行修剪。杜鹃花类植物一旦长大就很难变小。

基础篇

栽植植物时需要考虑的问题

 怎么布局?

在栽种植物的时候,有一点很重要的是要考虑好该如何安排植株。很多人在栽种植物的时候就会将空间填得正好。但是,大部分情况下植株会越长越大,最后导致枝条因过于茂密而交错拥挤。若像日式庭院中的球形树形,因长大空间有限所以问题倒不是很大,但如果想要观赏到自然的树形,就需要在栽种植株的时候预留好足够大的空间。

植株会逐年长大。而且,幼苗更容易适应土壤环境,长大后的植株的高度往往比预想得要高。也就是说,并不是简单地栽种植株就完事了,栽种植株之前就要想好 10 年后植株会长多大。栽种的时候把植株和植株之间的距离范围预留大一些,这点在栽种植株时是很重要的。

另外,不要在紧邻邻居的地方种植植株。因为有时候不方便修剪植株,落叶也会给邻居家带来麻烦。

栽种的时候预留出比较大的空间,刚开始看上去可能会有些空缺,但想一想 5 年后、10 年后,庭院变得十分美丽的样子,就能更坚定自己的信念了。

 为什么要种植物?

在庭院里种绿植的目的有很多。下面,我们总结了一些比较有代表性的目的。因为原因各不相同,所以需要根据具体的目的选择合适的植物,并进行修剪等维护工作。

● 希望能遮阴、挡风

南侧种植落叶植物,夏季遮阴,冬季落叶存阳。在风大的地方,还可以种植青冈类植物做高墙避风之用。

- 以柔和的方式保护隐私，打造边界

用绿篱可以保护隐私，打造出边界。但如果绿篱建造得太高或长得太茂盛，就会形成盲区，反而提高了入室盗窃的风险，这点要注意。

- 食用

种植柿子、梅花、香橙等果树，既能食用，又能保存，还能分享给好友，带来更多乐趣。

- 吸引鸟和蝴蝶

有些果实是人不能食用的，但可能鸟类会喜欢吃。

在城市中大量栖息着栗耳短脚鹎、暗绿绣眼鸟、日本山雀等鸟类。

醉鱼草英文名叫"Butterfly Bush"，正是因为其花蜜是蝴蝶和飞蛾的最爱而得名。或许有人一听到飞蛾就会皱起眉头，但蝴蝶和飞蛾不仅没有明确的区别，而且也有很多飞蛾长得十分美丽。

- 具有历史性

有些植物从父母那一代就已经栽种了，或是买下的二手住宅就已经种有植物的情况。我经常听到一些人表示虽然不太喜欢这些植物，但也不忍心砍掉。

不过时代不同，房子的建造、住户的喜好也会有所不同。

如果真的不喜欢，或许果断地砍掉会更好。房主不喜欢却必须存在的植物也很可怜，这种不喜欢对住户个人的精神状态也会有不好的影响。所以有时候，砍掉植物也是一种选择，砍伐的时候真心感谢植物曾给我们带来的快乐就好。

- 无明确的目的

相信有很多人会想难得有一个庭院，要是能种上一株植物该多好。这种人常常会说："我想要一株长不大的植物。"

然而，没有一株植物是长不大的。如果不修剪打理，哪怕是灌木也会长到高度超 3m。若不想让植株长大，就需要选择株高适宜、方便管理的植物，并且每年要进行修剪，才能让植株保持不变大。

植物的高度
——灌木、中木、乔木

经常看植物图鉴，你可能会发现介绍植物的部分常写着"落叶乔木""常绿中木"等，却没有具体说明株高多少。那么这些植物具体有多高？

 灌木

灌木（也叫低木）常被用作灌木丛或矮树篱等，是水平视线高度以下的植物。

例如，杜鹃花、绣球花等都是典型的灌木，如果放任灌木生长，其高度甚至可以达到 3 米以上。若不修剪绣球花，绣球花植株就会不断长高，甚至伸展到房屋二楼的阳台附近，高度惊人。在以杜鹃花闻名的寺社佛阁里，也能经常看到超过成年男性身高的杜鹃花植株。

 中木

中木是指比灌木高，能长到 1 层楼左右高度的植物。山茶花、茶梅、红枫、全缘冬青、厚皮香等都属中木。如果不加以打理，这些植物就会长成高大植株，但如果定期修剪，茶梅等植物也可以修剪成矮于人的树篱。

 乔木

若按私人庭院的庭院植物标准来看，高度超过一层楼的植物可称为乔木。一般乔木高 4 米，是即使用梯子也难以触及的高度。

我们这些专业的园艺师一般会套上安全绳套等安全器械，直接爬到植株上进行修剪，但是这需要耗费大量的人力和精力。在拥挤的住宅庭院里，因为要避免碰到种植在下面的植株，或者要避免破坏屋顶和围墙等，所以砍掉的粗枝条不能直接让其往下掉。因此需要用绳子捆住要剪断的枝条，然后通过其他枝条将剪掉的枝条吊挂下来，这一流程需要两人合作进行。一人在下面拉住绳子，而另一人要在上面修剪枝条。

对于连我们都无法砍断的高大植株，就只能求助于如树艺师、空中作业的园艺师等特殊的采伐技术人员。

总之，无论是灌木、中木还是乔木，只要管理得当，就能按标准将植株维持在理想的高度。

经常有人说，"我最喜欢自然了，不想要人工干预"，但若是真的不加干预会怎么样？

答案是，植株会长得很快。

在庭院里长成的高大植株，除非庭院很大，否则容易引来邻居的投诉，会有枝条与电线接触、无法保障行人的安全等问题产生，最后不得不砍掉植株或将植株连根拔起。

所以说，人类创造的自然，必须由人类持续管理。

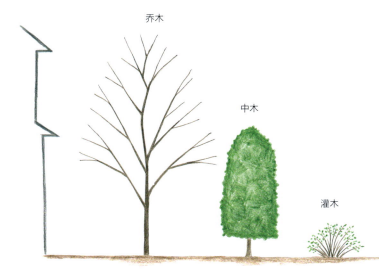

植物的防御层

植物是活的，所以植物既会生病，又会有病菌感染。木腐菌会从枯枝、树皮裂纹、天牛类幼虫等钻的洞、修剪后的切口侵入植物。

修剪时之所以不能成块修剪，是因为如果切口太大，就会有木腐菌从切口侵入，使植物腐烂。但如果是一株健康的植物，就可以自己建立防御层，避免细菌入侵。如果修剪方法不当，植物就无法形成防御层，植物的长势就会变弱。特别是修剪粗枝的时候，需要让植物的组织隆起，使伤口易于愈合。

 ## 不要使用愈合剂

如果大块修剪植物，木腐菌会更容易侵入植物体内。在日本，一般修剪粗大的枝干时，会在切口处涂上嫁接蜡、杀菌剂等愈合剂。但若用杀菌剂或嫁接蜡等进行密封，植物的湿气就不能外泄，反而会给木腐菌创造一个容易活动的环境。

另外，也不能在切口处盖铁皮盖子等。

现在欧美流行"不对切口处做任何处理"。因为只要是健康的植物，即使什么都不做，尽管有木腐菌的入侵，植物也可以依靠自身的力量建立防御层，抵御病菌入侵，防止腐烂。

但能这样做的关键是切口要干净利落，且需修剪在能够裹伤的地方。裹伤是指切口周围隆起的树皮能很好地堵住伤口。

有机喷雾

虽然不想使用农药，但若每年都发生同样的病虫害，那么就试着手工制作有机喷雾剂（自然农药）吧。这种喷雾剂可以用厨房里的食料制作，使用起来放心又安全。

另外，以前若喷洒过农药，在改用无农药的前几年内，可能会因为在适应期而频繁出现病虫害。这时候就可以使用有机喷雾。虽然有机喷雾的效果不能达到最理想的程度，但在过渡时期还是值得一试的。

有机喷雾的材料尽量用有机栽培的，效果比非有机栽培的要好上许多。

有机喷雾不是化学农药的替代品，所以没有杀虫效果，但能够有效逼退害虫。不过害虫的种类不同，有机喷雾有时会对一些害虫完全没有效果。

喷洒的浓度、频率、去枝或修剪（如果是花草，则是摘残花或对枝条交错处进行修剪）、土壤的健康程度、多种植物混合种植（不同于密植）、不容易发生病虫害的种植措施等，对各因素综合平衡得越好，喷雾的效果就越好。

庭院里有各种各样的自然生物，有些会不厌其烦地消灭病虫害。所以了解这些生物（天敌）是很重要的。病虫害的天敌若能捕食害虫，我们甚至连有机喷雾都不用喷洒了。

尽管如此，但不管怎么努力，植物还是会出现衰弱枯萎的情况。那可能是因为这类植物种在了不适宜其生长的环境。关于这点，我们可以通过反复试验来确认植物适合的环境，同时寻找不易有病虫害的植物，了解有哪些植物无论如何都无法适应的环境。通过一次次经历，也许还能同时感受到打造庭院的乐趣。

这里就给大家介绍大蒜鱼腥草木醋液、大蒜芝麻油剂、问荆茶和堆肥茶的做法及使用方法。关于马醉木液的制作方法，请参见第 37 页的内容。

大蒜鱼腥草木醋液

用来预防每年的虫害问题。保管期限约为 3 年。

材料

大蒜 10 克（去皮）

辣椒 10 克（去籽）

鱼腥草 30 克（洗净沥干水分，鲜叶待用）

木醋液 200 毫升（竹醋液也可以）

① 大蒜去皮切成粗末。

② 辣椒切成约 5 毫米宽的粗末。

③ 鱼腥草切成约 5 毫米宽的粗末。花和茎也切成粗末一并放进碗中。

④ 将①～③放入玻璃容器中，倒入木醋液腌制 2 周左右即可使用。若是直接放入未切成末的大蒜、辣椒、鱼腥草，则需腌制 3 个月。

⑤ 使用时只取出液体，用 500~1000 倍的水稀释后用喷雾器喷洒。从 1000 倍左右开始，如果没有效果，就逐渐加大浓度。但若比 500 倍还要浓，则药力太强，不利于植物的生长。

⑥ 液剂用完后要将喷雾器清洗干净。

大蒜芝麻油剂

发生蚜虫虫害时或在 2~3 月喷洒大蒜芝麻油剂，能在害虫处于虫卵阶段时起到抑制害虫滋生的作用。刮下介壳虫，在 2~3 月喷洒药剂，使其沉淀。存放时间约为 3 个月。

材料

大蒜 80 克

芝麻油 2 小勺

香皂粉 10 克或液体香皂 30 毫升（不要使用含表面活性剂的洗涤剂）

水 1 升

① 大蒜去皮切成粗末。

② 把切成粗末的大蒜放在芝麻油里腌制 24 小时。

③ 将肥皂溶于水，制成皂液，与②充分混合。

④ 用纱布过滤液渣，将液体放入玻璃瓶内放置 4~5 天。

⑤ 使用时将溶液稀释 100 倍，再用纱布过滤 1 次，然后装在喷雾器内喷洒使用。

问荆茶

问荆茶对白粉病等菌类疾病具有疗效，也能起到预防的作用。若非盛夏时节，可在阴凉处保存 1 周左右。

① 将干燥处理过（阴干 3 天左右）的 10 克问荆放入 2 升的水中，煮 20 分钟。
② 冷却后倒入 8 升水，均匀搅拌 10 分钟。
③ 取出问荆，将之敷在病株的根部、树干或枝叶上。
④ 连续敷 3 天，之后再观望情况。

堆肥茶

将熟透的食物垃圾堆肥装入布袋，在带盖子的水桶等容器中浸泡 1 周，将溶液用 10 倍的水稀释，滴入几滴肥皂液，然后将溶液喷洒在植物上。可抑制白粉病病菌等菌类。

该溶液没有杀菌作用，而是通过用杂菌包覆的方式，使某些细菌无法繁殖。

庭院里的害虫天敌

① 银背艾蛛。随处都有的小蜘蛛，背部有银色的花纹
② 草蜘蛛，在庭院里徘徊
③ 草蛉幼虫，是背着垃圾行走的虫子。捕食蚜虫
④ 草蛉成虫
⑤ 七星瓢虫幼虫，很少有人知道七星瓢虫幼虫的样子
⑥ 七星瓢虫成虫，主要捕食花草和灌木里的蚜虫
⑦ 异色瓢虫幼虫，主要捕食灌木、乔木上的蚜虫
⑧ 异色瓢虫成虫，因为随处可见，所以在日本叫作"并天道（直译：随处可见的瓢虫）"。该虫花纹繁多
⑨ 杂色山雀。图中的杂色山雀嘴上叼着虫子

修剪的反面示例

下面给大家介绍几个打理庭院植物的反面示例。

被藤蔓覆盖的植株

乌蔹莓的入侵

◎ 藤蔓植物的入侵

藤本植物一旦缠绕植株，被缠绕的植株就难以进行光合作用，树势会逐渐衰弱，甚至会枯萎。所以一旦发现这类情况，要把这些藤蔓彻底清除

◎ 在切口处涂愈合剂

在较大的切口上涂抹嫁接蜡或杀菌剂等愈合剂，会对植株造成较大的伤害（参见第172页"植物的防御层"）。在欧美，一般就算切口再大也不会给植株涂抹愈合剂

◎ 大块修剪

左：若从枝条中间成块修剪，容易让植株感染木腐菌，或第2年爆发式地长出许多小枝，导致通风不良，容易发生病虫害。因此，需要尽量进行短截

右：修剪得干干净净的山茶花树篱。因为树叶太少，植株过于衰弱，所以每年都会出现大量的茶毒蛾

修剪过度的金冠柏

下面的枝条都没有了！

胡颓子的裂口

⊘ 下面没有枝条

上面的枝条容易被阳光照射，通过光合作用很快就会生长出来，但是如果不注重打理下面的枝条，有时枝条会再也长不出来。尽管很多人不用梯子，只对自己能触及的地方进行修剪。实际上，手能触及的地方是最需要枝条遮盖的地方。"上要强剪，下要养护"是修剪植物的基本准则

⊘ 粗大的切口

如果用比较钝的锯子或剪刀，或者使用非修剪专用的锯子等工具进行修剪，就不能整齐地切割植株。如果切口粗糙，植株就很难形成防御层，甚至会导致木腐菌从切口处侵入植株体内，导致植株枯萎

⊘ 超出庭院范围

如果植株大幅度地超出庭院，占用了公共道路，就会妨碍行人通行，十分的危险。特别是绿篱，若修剪随意，植株会渐渐长大。所以要想维护好植株，就要尽量将枝叶修薄一些。落叶植物大多是在上面开枝的，所以会妨碍电线等，落叶不仅会堵塞自家的雨水管道，也会堵塞邻居家的雨水管道

⊘ 不处理掉修剪后的垃圾

若直接把修剪掉的枝叶留在枝上，会妨碍植株进行光合作用，阻碍新枝叶的生长。打理植株不仅仅是修剪，还包括收拾和清理垃圾等工作

⊘ 裹伤

如果在植株上挂上或拴上什么物品，物品就会不断勒紧枝条，导致植株腐烂。所以挂鸟巢箱的时候不要一直原封不动地放着，每年要拆掉并清理一次巢箱，之后再重新挂上

庭院工作的工具和使用方法

下面会向大家介绍各种在庭院工作中要用到的便利工具，其中一些最基础的修剪工作会在下文中标注★号。

★ 手锯

手锯有两种比较方便的类型。

一种是刀片有一定厚度的，刀片部分长约 25 厘米，十分牢固。它可以切割一定粗细程度的枝条。

另一种是专门用来切割果树等，较小型，其刀片很薄很短，长约 15 厘米。剪断细枝或交叉的枝条时比较灵活，使用起来很方便。

而一般木工用的锯子，刀口形状跟园艺用的不同，不适合修剪植株。

● 握法

握紧手锯，或是食指伸出抵住刀片。

● 粗枝的修剪方法

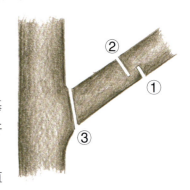

① 从基部砍断粗枝时，首先在离枝条基部 20 厘米左右的地方，从下面锯开枝条直径的 1/4~1/3。

② 从①处向树干一侧，在距离树干直

径的 1/4~1/3 的位置，从上面插入手锯锯开枝条。于是，① ~ ②的枝条部分裂开，枝条就掉下来了。如此一来，在砍断的过程中，枝条就不会因为重量而裂开。

③ 最后在基部锯开枝条。锯的时候要仔细观察树皮，看清树干和枝条的分界线，否则容易堵塞切口。

★ 修枝剪

约 20 毫米粗的枝条可用修枝剪剪断。

● 修剪方法

修枝剪与枝条不呈直角，斜着修剪出切口，就能轻松剪断枝条。

★ 树剪

用于剪断细小枝条、修剪草类、剪掉残花等。

★ 绿篱剪

绿篱剪有小型和大型之分。

小型的绿篱剪常在狭窄的地方进行修剪，以及修剪面积较小的植株时使用，用于修剪杂草也很方便。大型的绿篱剪用于修剪绿篱等。

高枝剪

　　修剪高而突出的枝条时使用，会很方便。但仅凭高枝剪是不可能将植株修整齐的，所以高枝剪只能作为辅助工具使用。

粗枝剪

　　枝条太粗难以用修枝剪修剪时，就用粗枝剪。和使用修枝剪一样，把刀片斜插进枝条进行修剪，可以剪掉较粗的枝条。

绿篱机和除草机

　　修剪绿篱，绿篱机很方便。

　　割除杂草，除草机很方便。

　　两者都有引擎式、电动式和充电式的机型。

● 引擎式

　　操作方便，马力大，适合在没有插座情况下的大面积修剪。但这类引擎式的机型一般使用的是混合汽油，会连同润滑油一起燃烧，不太适合对化学物质过敏的人士。另外，因为机器声音太吵，也不适合在住宅区等地方使用。工具本身有点重，使用起来很费力气。这类机器需要勤加保养。

- 电动式

只能在有插座的地方使用，对于体力不足的人来说很容易操作。因为要使用延长线，所以注意不要切断电线。

- 充电式

因为没有电线，所以不仅操作简单，而且也没什么噪声。但是需要长时间使用时，最好选用能更换备用电池的款式。随着电池的改进，越来越多的新型电池重量已大幅减轻。

竹扫帚

当进行大面积清扫时，竹扫帚很好用。使用的诀窍是竖起穗尖。如果是砂石地，放松力量，只用穗尖，就能把落叶扫到一起。偶尔修剪一下穗尖，剪掉上面粗糙粗壮的枝条，就能让扫帚扫起来更灵活轻柔。

竹耙

在柏油路、泥地、修剪干净的草皮上等，使用竹耙打扫会比较方便。竹耙的耙头有各种大小和粗细，刚开始建议使用标准款。

金属耙

在杂草和草堆丛生的地方，以及枝条容易缠绕的地方，用金属材质的耙子打扫会很方便。可以在非精细作业的地方使用，也可以用来去除草坪上的苔藓。

小耙

便于在树篱和灌木等狭小的地方刮除修剪后的垃圾和落叶等。其材质有竹子和金属之分，部分金属材质的还可以滑动手柄调节宽度。

小扫帚

适用于清扫平台缝隙、角落里堆积的垃圾，清扫平台上的淤泥，以及进行一些细节清洁。

专业人士有时也会用小枝条手工改造陈旧的竹扫帚。市面上也有很多款式，如手杆较粗的或较硬的等，可供挑选。

手提簸箕

因为一般的簸箕太小，用竹扫帚铲不起垃圾，所以这款手提簸箕与竹扫帚配套使用会更方便。

作业手套和皮手套

徒手作业容易受伤，还会使皮肤变得粗糙。特别是在处理带刺的植物时，要戴上作业手套或皮手套。

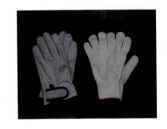

梯子

当进行高处作业时，需要用到梯子，但园艺作业时用的不是一般的四脚梯子，而是三脚梯子。因为庭院的地面常常是凹凸不平的，四脚梯子容易不稳定；而三脚梯子在凹凸不平的地面上也能保持平衡。不过需要注意的是，爬梯子时，重心尽量落在三脚梯子接触地面的三角形的中间位置。在坡地爬梯子时要特别小心。另外，在柏油路、砖地、平台上，梯脚会比较容易滑移。

在家里使用就尽量选择矮一点的梯子，若有需要用到大梯子的植株，最好请专业人士帮忙。

分趾鞋

我曾听一些从梯子上跌落的人说，他们之所以会跌落大多是因为穿着厚底的运动鞋。坐在梯子上的时候，穿着能清楚感知脚底的胶皮分趾鞋能减少事故的发生。另外，在进行挖洞等作业时，泥土也不会进入鞋子里，穿起来非常方便。分趾鞋有各种款式，其中脚踝后面的鞋扣越少，穿脱会越方便。

除毒器

在庭院里工作除了会被蚊子咬，还可能被蜜蜂、蜈蚣等叮咬。这个时候，如果有一个除毒器能把毒吸出来，问题就不会变得严重。随身携带这样一个应急处理工具还有必要的。当人们对虫子的恐惧心理消失后，被虫子叮咬的情况就会自然变少。

徒长枝 15、20

长出过于旺盛的枝条。

土球 18

移植植株时连土一同挖出的根部。有的用麻布包起来并用绳子捆绑，有的放在无纺布袋里。

外芽 20、116

以植株为中心，枝条向外伸长的芽。

问荆茶 61、110、175

狭长花坛 22

通道、种植边界或种植带与结构隔板之间的细长部分。

新梢 37、48、126、130

当年新长出的枝条。

有机喷雾 173

再生（再生修剪） 14

短截枝条，让枝条长出新枝。这种重新塑造树形的修剪方法叫作"再生修剪"。

摘蕾 166

使花蕾减少 1/3~1/2。

摘心 142、160

剪掉成为主枝的枝条或成为主干的修剪方式。

（枝条）长势迟缓 54、66、81、141

伸长的枝条中间没有长出芽、叶、小枝的状态。

株立式树形 17、86、89、124

从地面长出几根（3 根或 5 根等，通常为奇数）树干的树形。

植物名索引

（按拼音排序）

参考文献

『樹木図鑑』監修：北村文雄、写真・解説：巽英明、解説：妻鹿加年雄、ＮＨＫ出版

『絵でわかる樹木の育て方』堀大才著、講談社

『家庭の園芸百科』主婦と生活社編、主婦と生活社

『図解 樹木の診断と手当て　木を診る・木を読む・木と語る』堀大才＋岩谷美苗著、農山漁村文化協会

『散歩が楽しくなる樹の手帳』岩谷美苗著、東京書籍

『庭木の病気と害虫　見分け方と防ぎ方』米山伸吾＋木村裕著、農山漁村文化協会

『虫といっしょに庭づくり』曳地トシ＋曳地義治著、築地書館

『無農薬で庭づくり』曳地トシ＋曳地義治著、築地書館

『二十四節気で楽しむ庭仕事』曳地トシ＋曳地義治著、築地書館

『はじめての手づくりオーガニック・ガーデン　無農薬で安心・ラクラク』曳地トシ＋曳地義治著、ＰＨＰ研究所

『育てる・食べる・楽しむ　まるごとわかるオリーブの本』岡井路子著、主婦の友インフォス

『家庭園芸百科２　コニファーガーデン　色と形を味わう』柴田忠裕著、ＮＨＫ出版

『花と蝶を楽しむ　バタフライガーデン入門』海野和男編著、農山漁村文化協会

『空師・和氣邁が語る特殊伐採の技と心』和氣邁著、聞き手：杉山要、全国林業改良普及協会